科学者と戦争

池内 了 Satoru Ikeuchi

Eurus
Notus
Boreas
Zephyrus

岩波新書
1611

はじめに——軍学共同が急進展する日本

日本が集団的自衛権の行使を可能とし、同盟国の支援のために海外に自衛隊を送って武力を行使する道を開いた現在、自衛隊は堂々たる軍隊になったというべきだろう。安倍晋三首相が自衛隊を「わが軍」と呼んで名実ともに軍隊であることを世界に誇示したが、世界各国も日本国軍隊と認知していることは確かである。したがって、自衛隊およびそれを管理・運営する防衛省を「軍」と呼び、防衛省と大学や研究機関の研究者(「学」)との共同研究を「軍学共同」と呼ぶことに異論はないであろう。本書は、政治の保守化・軍事化と軌を一にして軍学共同が急進展する日本の現状をレポートしたものである。

第二次世界大戦終了時からごく最近まで、日本においては公然たる軍学共同は行なわれてこなかった。これは、日本の科学者が伝統的に軍事研究を拒否してきたからである。

明治以来の富国強兵策の時代とそれに続く第二次世界大戦まで、日本の科学者は国家のため、あるいは戦争のための研究を行なってきた。しかし戦後はそれを深く反省し、軍事研究を行なわないことを誓った。その決意は繰り返し表明されてきた。世界では科学者が軍事研究を行なうことが当たり前であることを考えれば、これは極めて異例のことといえる。科学者も日本国憲法の平和主義の精神を受け継ぎ、平和のための科学に徹しようとしてきたのである。

とはいえ、科学者が軍学共同拒否で一枚岩であるわけではない。軍学共同は必ずしも明白な軍事研究そのものを意味しないというわけである。科学の成果は民生利用(平和利用)にも軍事利用にも使えるという「デュアルユース(両義性)」の性格を持つから、科学研究は単純に民生研究か軍事研究かとは決められない、との意見が根強いのだ。これにさらに、軍からの援助を得るのは世界では当たり前である、自衛のための研究なら許される、軍事研究は科学・技術を発展させる、などを言い訳にして、軍学共同を(少なくとも部分的には)許容すべきだという意見が強くなりつつあるのが現状だろう。

むろん、大多数の研究者は軍学共同に反対で、軍には依存したくないと考えている。しかし、研究費が不足している現状において、研究を続けるためには軍からの資金に頼らざるをえないと考える研究者も少なからず存在する。軍学共同のジレンマである。

他方、「軍事力による国家の安全保障」という政治路線が力を得ることで、「学」セクターを取り込んで軍学共同を推進しようとする動きが、特にここ数年活発になっている。

たとえば、二〇〇四年から防衛省技術研究本部が進めてきた「国内技術協力」には、多くの大学・研究機関が参加している。また、二〇一五年に防衛省技術研究本部が創設した防衛装備品開発のための「安全保障技術研究推進制度」は、大学、研究機関、企業の研究者向けの競争的資金制度である。これらの制度によって、日本の科学研究の軍学共同路線が本格的に推進されるようになりつつあるのだ。またこれらに一歩先んじて、宇宙開発の軍事化がより露骨に具体的に進められていることも付け加えておくべきだろう。

詳しくは本文で述べることになるが、この間の「軍学共同に関わる動き」を、巻末に「年表」としてまとめておく。これらを一覧することによって、あまり知られないまま密かに進行していた事柄や、無関係だと思っていたのだが裏ではつながっていた、ということもあるのではないだろうか。そして、近年の急速な軍と学の接近について注目されたい。

私が呼びかけ人の一人を務める「軍学共同反対アピール署名の会」は、二〇一四年八月以来、署名活動とともにシンポジウムやマスコミ向けの働きかけを行なってきた。マスコミ各社もさまざまな批判的報道を行ない、この問題を社会に広く周知する活動を行なってきた。その結果、多くの市民が軍学共同の進展に対し、強い懸念と怒りを表明されている。科学者が戦争のための研究を行なうことに驚き、裏切られたような感情を持ったという人も多い。科学者は、世界の平和のため、人類の幸福のため、そして正義のために研究を行なうべきと、誰しもが考えているからだ。

本書は、さらに多くの方々に向けて、進みつつある軍学共同の実態を知らせるとともに、このような動きに警鐘を鳴らすことを目的として執筆した。

第1章「科学者はなぜ軍事研究に従うのか」では、世界の軍事研究の歴史をたどる。また、日本の戦前・戦時中の科学動員を振り返るとともに、ナチス・ドイツ時代の著名な物理学者の三人三様の生き方を吟味する。

第2章「科学者の戦争放棄のその後」では、戦後における日本の科学者の平和路線とその揺らぎを見ていく。現在、進行しつつある空(宇宙)と海(海洋)の軍事化路線を検証し、軍学共同への防衛省の戦略を読み解く。

第3章「デュアルユース問題を考える」では、軍学共同の口実あるいは積極的理由として使われているデュアルユースについて論じる。さらに、研究者を対象としたアンケート結果から、軍学共同に関わるかれらの意識について考えてみる。

第4章「軍事化した科学の末路」では、軍事研究にはまり込んだ科学者を待つ悲惨な結末を述べたい。科学者が軍事研究にのめり込むのはそれなりの魅力があるためだが、それは研究者としての自由を失う空しさと裏腹である。科学の発展が軍事研究によって促進されるどころか、かえって阻害される可能性があり、軍との関わりは断固として拒絶すべきだと考えている。

とはいえ、軍学共同をどう考えるかは一筋縄ではいかない。結局のところ、何のために科学研究を行なうのか、誰のための研究なのか、という科学者の原点に立ち返らなければならない。それは科学そのものの意味を問うことにも通じるのではないだろうか。

目次

はじめに――軍学共同が急進展する日本

第1章　科学者はなぜ軍事研究に従うのか……1

1　科学者の愛国　3

道を外れる科学者／戦争と科学／アルキメデスの才能／揺籃期の科学者／科学は国の力の源／組織的動員／第一次世界大戦とハーバー／第二次世界大戦とプロジェクト研究／戦時下の科学者の態度／ジェイソン組織／DARPA方式

2　日本の科学者の戦争協力　18

富国強兵とお雇い外国人／研究体制の強化／戦時中の科学動員／原爆とレーダーと

3　ナチス・ドイツの物理学者たち　26

科学技術をテコに／第一次世界大戦が始まると／「悪法も法」である――プランク／科学至上主義――ハイゼン

ベルグ／日和見主義的科学主義――デバイ／三者三様の意識

第2章 科学者の戦争放棄のその後 …… 39

1 戦後の平和路線とその躓き 40

日本学術会議の決意表明／新たな戦争の影／米軍資金問題／平和路線とそれへの反論／大学改革の中で／拡大する米軍の資金援助

2 軍と学の接近 60

防衛省の技術交流事業／「交流」の発展／技術協定の内容／防衛省の競争的研究資金――安全保障技術研究推進制度／民生応用という建前／成果の公開――原則から可能へ／募集テーマと応募理由／採択研究テーマ／宇宙の軍事化の始まり／宇宙の軍事化の進展／海も軍事化／イノベーションのための軍学共同／革新的研究求む／軍産学複合体への道／文科省と経産省の対応

3 防衛省の軍学共同戦略 97

防衛生産・技術基盤戦略／学といかに連携するか／共同研究の進め方
4　科学技術基本計画　106
「選択と集中」の弊害／イノベーションのための科学技術？

第3章　デュアルユース問題を考える……113
1　デュアルユースとは　115
デュアルユース問題の考え方／祖国防衛のために
2　ゆらぐ大学の研究ガイドライン　119
不思議な新聞報道／ガイドラインの改訂／非公開の壁／東大総長による「フォロー」
3　テロとデュアルユース問題　130
炭疽菌とインフルエンザ・ウイルス／日本学術会議の「行動規範」／日本学術振興会の「心得」
4　日本の科学者の意識　137

研究者へのアンケート／研究者版経済的徴兵制／防衛目的なら許されるか／民生利用は口実となるか／科学至上主義／国家の要請には従うべきか／安全・安心のためのモノユース／デュアルユース問題と科学者の社会的責任

第4章 軍事化した科学の末路……153

1 科学者は単純である 155
そもそも、科学者とはどのような人間なのだろうか？／研究室の外では科学的でない

2 軍事研究の「魅力」 160
「世界初」の魔力／軍からの潤沢な研究資金／軍事予算と研究の自由

3 軍事研究の空しさ 165
日陰の研究者／虚しい研究／オッペンハイマーの場合／軍事技術の限界／超兵器？

4 軍事研究は科学を発展させるのか？ 175
戦争は発明の母か／戦争は必要か／スピンオフとは

おわりに――「人格なき科学」に陥らないために……………183
「センター・オブ・イノベーション」/軍学共同への傾斜/軍事化を受け入れる論理/科学による破滅を避けるために/社会に責任を持つ科学者

参考文献 195
あとがき 197
年　表

第1章　科学者はなぜ軍事研究に従うのか

本章では、科学者が軍事研究に従ってきた歴史をたどってみたい。

古来権力者は、科学者を新しい武器の開発など、かれらが持つ特別な知識や能力を戦争において発揮させるべく動員してきた。科学者は、ある場合にはいやいやながら、またある場合には積極的に軍事協力を行なってきた。とはいえ、二〇世紀に入るまでは、科学そのものの営みと同じく、あくまで個人の自由意志に任せられた参加にすぎなかった。

しかし、科学者が層として存在するようになった二〇世紀になると、科学が国家の重要な機関となり(科学の制度化)、国家が科学の最大のスポンサーとなったこともあって、国家として科学者を組織的に戦争に動員して(科学の体制化)、特殊な軍事プロジェクトに従事させるようになった。科学者もまた戦争に協力することを当然とみなして、積極的に自らを軍に売り込む、というふうに軍と学の持ちつ持たれつの関係が成立したのである。

日本に目を移せば、明治維新によってようやく近代科学を学び始めた日本は富国強兵の旗の下、国家による科学者や技術者の養成と、彼らの軍事開発への協力を当然としてきた。科学技術は最初から軍国主義体制に奉仕する道を歩んできたのである。ちなみに、明治以来日本では

「科学技術」が常套句となっている。それはほとんど「科学に裏打ちされた技術」を意味しており、科学は技術に従属するのが当然とされてきたことを押さえておく必要がある。科学者の軍事協力は本質的には科学に裏打ちされた技術の開発だから、まさに科学技術の実力を発揮する場となったのである。

第二次世界大戦においては、日本の科学者のほとんどが唯々諾々として国家による動員に従ってきた。彼らは戦争への協力をどう考えたのだろうか。他方、日本と同様に軍国主義化し、科学者の組織的動員が行なわれたナチス・ドイツでは、愛国心と科学中心主義が科学者の心のよりどころとなった。このような科学者の意識はナチス・ドイツに特殊なことではなく、現在においても形を変えて世界中で見ることができる。

1　科学者の愛国

道を外れる科学者

科学者は、自然が隠し持つ謎を解き明かすことに無上の喜びを感じる人間であり、その知的活動はきわめて個人的な好奇心に由来する。一般に科学者は、他の何者かに命令されたり、何かの役に立たせようと考えたり、自分が有名になりたいと望んだり、というような外的な動機とは無縁である。できるなら、ひとり放っておいてもらって、ひたすら数式や理論を追究したり、実験や観察に明け暮れていたいと望んでいる存在なのである。

しかし現実には、研究の遂行のためには他人と関係しなくてはならないし、積極的に他人と関わることは実際に研究を進めるのにも役に立つ。それだけでなく、経済的な利益を得たり、自分の研究が広く知られて名誉心や自尊心をくすぐられたりする場合もある。そうなれば、これらの利得の方をより大きな魅力と感じ、それをもっぱら追求したくなる。実際そのようにして、国や企業の立場を代弁する御用学者になったり、公害企業の肩を持って被害者の主張を否定したりする「科学者」が輩出することになる。国や企業はそのような「科学者」を重用することで、真の問題を隠蔽するのだ。こうして「科学者」は純粋の科学研究の道から外れていくのである

戦争と科学

科学者が軍事協力に手を染めるようになるのには、これとは少し違った事情もある。その最も強い理由は、戦争時において愛国心に似た心情が喚起されることだろう。国が科学の最大の

スポンサーになっていることによって、科学者は国のために尽くすことを義務と心得る気持ちになるからだ。さらに、自分が持つ特殊な知識が戦争に役立つとなれば、ますます積極的に協力しようという気持ちを抱く。国に対し、日頃科学研究をさせてもらっているお礼をするという気持ちが芽生えるのである。

もう一つの理由は、軍事研究が科学を進めると科学者が誤認することである。科学は戦争によって発展したと言う人すらいる。しかし第4章で述べるように、軍事研究によって発展するのは技術であって、けっして自然の法則を追い求める科学ではない。近年では、ナノテクノロジーのように、科学と技術が急接近して明確な区別がつけにくい分野も多くなった。しかしながら、軍事研究は軍需品の開発のために行なうものであるから、純然たる技術なのだ。

例を挙げれば、原爆の開発は、原子核物理学の原理がわかった上での、それを爆発物として実現する技術の開発であった。ロボット研究は、人工知能の科学と遠隔操作の技術が結びついているが、ドローンなど軍事への応用となると技術開発であることは明らかだろう。科学と技術が接近しているこのような分野では、科学の発見が直ちに新技術の開発として軍事と結びつきやすいのは確かである。

アルキメデスの才能

古代ギリシャでは、ターレス（紀元前七世紀生まれ）以来、多数の「自然哲学者」が登場した（便宜的に、彼らも科学者と呼んでおく）。都市国家間の争い、隣国ペルシャ帝国との戦い、後に力をつけてきたローマとの確執など、数多くの戦乱が長く続き、ギリシャの科学者たちも戦争のために協力させられたと思われる。カタパルト（投石器）のような武器が紀元前四〇〇年頃には登場している。

名が知られている科学者で、戦争に協力した最初の人間はシラクサのアルキメデス（紀元前二八七頃〜同二一二）だろう。彼は物理学においては浮力の原理を発見し、さまざまな幾何図形の面積や球体や錐体の体積を求める公式など、数学に関する研究にも優れた才能を発揮した。また、アルキメデスらせんという曲線を用いた揚水機を発明して技術にも貢献している。紀元前二一五年にシラクサがローマ軍に攻められたとき、ヒエロン二世の求めに応じて愛国心から戦争の協力をしたと伝えられている。

伝説によれば、巨石を持ちあげて崖から落としたり、船を持ち上げたりすることができるクレーンのような鉄製の鉤爪装置、火薬をしみこませた布玉を速射できる長い射程を持つカタパルト、鏡を何枚も使って巨大な凹面鏡とし、太陽光を集めて敵の船を焼き尽くす兵器などを考案したという(これは伝説らしい)。これらはいずれも、テコの原理、力のモーメント、光の反射の法則を知っていれば考え出せる武器であり、数学・物理学に堪能であったアルキメデスであればこその発明品といえる。

このように、一般市民が思いつかないような科学の原理あるいは法則についての詳しい知識を利用して、武器の考案をすることこそ科学者に求められたものであった。科学者も始めは素朴に、やがて積極的に武器を考え出し、権力者の求めに応じたり売り込んだりするようになっていったのである。

揺籃期の科学者

一四八二年、レオナルド・ダ・ヴィンチはミラノ公ルドヴィーゴに、自らを「戦争技術の達人」として売り込む手紙を送っている。彼が考えていた兵器には、大型の矢や石を発射できる巨大バリスタ、大口径の大砲で重い石を飛ばせる射石砲、連射式の火縄銃などがあった。さらに実際には実現性に乏しくて製作されなかった(できなかった)のだが、防御板で覆われた戦闘車両(戦車の前身)、機関銃の先駆けとなる連射銃、ヘリコプター、ロケット弾発射機、潜水艦などのアイデアを図に残している。

中世末期には、錬金術師が戦争技術の進歩に寄与した。彼らは非金属から貴金属を生み出すという「賢者の石」を探し求めた。その「研究」の過程で、爆発力の大きい火薬を作り出すようになったからだ。さまざまな「実験」によって錬金術から化学へ脱皮することができたのだが、そこに火薬に関わる軍事技術が絡んでいたのである。

ルネサンス以後、著名な科学者の軍事研究には枚挙の暇がない。たとえば、三次方程式の解法を発見したタルターリアは、重力がまだ発見されていない時代にもかかわらず、落下物は放物線を描くとする弾道学の理論を明らかにして、大砲の命中率を上げることに貢献した。望遠鏡で最初に宇宙を観察したガリレオは、その望遠鏡を敵艦を発見するための道具として軍に売り込んでいる。望遠鏡は軍事用品としても役立つことを力説したのである。数学における小数点の表記法を発明し、静水力学という流体理論の確立に大きな寄与をしたオランダのステヴィンは、どこから撃っても大砲の射角が重なり合うように工夫した複雑なレイアウトの要塞を設計し、容易に敵が近づけないようにした。また、水上時限爆弾の製造を指揮して、攻め込んでくる敵を壊滅させる仕掛けも考案している。対数を発見したイギリスのネイピアは、新型の高速ガレオン艦を開発して無敵艦隊を破ることに大きな貢献をした。彼が残したノートには、潜水艦や戦車など、ありとあらゆる兵器のスケッチが残されていたようだ。後に戦争への協力を断ったが、軍事技術開発への未練を断つことはできなかったことが窺える。

科学は国の力の源

フランス革命の後に権力を握ったナポレオンは、科学力が戦争の帰趨を決めるようになるだろうとの予測の下に、後にエコール・ポリテクニーク（理工科学校）となる陸軍大学校を設立した。そこでは軍人たちに最新科学を学ばせるとともに、化学者に火薬の改良に当たらせた。さらに、天文学者を雇用して星の位置を観測する外洋航法の開発に従事させ、地理学者にスエズ運河の可能性を検討させている。とはいえ、ナポレオンは発明されたばかりの熱気球や軽気球、潜水艦や水雷にさしたる興味を示していない。陸軍一辺倒だったのだろうか。

反対に、それらをも積極的に取り入れプロイセン軍を強化したのがビスマルクである。彼は戦争単科大学を設立して将校に科学的教養の習得を義務付ける一方、ベルリン大学で応用科学を推進した。「科学は陸軍と海軍、富、そして権力をもたらす」と述べて、まさに科学力を強めて富国強兵の路線を推進したのである。

このように、軍事力を背景に植民地獲得競争が繰り広げられた一九世紀において、科学が軍事力の強化に役立つことが認識され、科学を国の重要な部門とする「科学の制度化」が急速に進んだのである。「理性の世紀」一八世紀が自然科学の基礎固めの時期であったのに対し、一九世紀は「科学の世紀」といわれ、物理学・化学・生物学が基礎科学として大きく開花し、さらに産業革命以後の技術と結びついて諸産業の工業化が急速に進展した。同時に、層として存在するようになった科学者・技術者は、軍事技術・軍事作戦・軍事戦略などで貢献することを通じて、その社会的存在意義を強めたのである。

組織的動員

こうして近代国家の中で科学技術の重要性が認識されると、国家が最大のスポンサーとなってそれらを抱え込むことになった。世界的な軍拡競争の中で、軍事力増強のための科学の動員が計画的に行なわれるようになったのである。その結果、巨大軍艦、潜水艦、小型魚雷、戦車、それらを動かすディーゼル・エンジンとともに、無線、全自動機関銃、ダイナマイト、手榴弾《しゆりゆう》など、近代戦に不可欠となった軍事装備品の数々が、二〇世紀を迎える頃には準備されていた。

そのような科学者の組織的な動員の威力を見せつけ世界を驚愕させたのは、皮肉にも極東の小国・日本であった。日本は日清戦争に勝利し(一八九五年)、その一〇年後には大国ロシアを打ち破った(日露戦争)。日本は富国強兵政策の下、お雇い外国人の助けをも得て近代化・軍事化路線を歩み、最新兵器で武装した軍隊を作り上げていたのに対し、中国(清)もロシアも時代遅れの装備しか持っていなかった。こうして、最新の科学技術を動員して近代的に武装することが当然であると世界に認識させることになったのである。

第一次世界大戦とハーバー

第一次世界大戦は、層として存在するようになった科学者・技術者の組織的な総動員が行なわれた最初の戦争であった。その中で特に強い印象を与えるのは、化学者フリッツ・ハーバー(一八六八〜一九三四)による毒ガス開発であろう。彼は「空中窒素の固定法」の発明者で、これによって窒素肥料が低コストで大量に供給されるようになった。その結果、一気に農産物の収穫量が一〇〇倍にも増える農業革命が起こり、増え続ける人口を養うことを可能にした。ハーバーはいわば食糧増産を通じて人類の救世主となったのである。しかし、第一次世界大戦が始まるや、彼は軍に依頼されて軍事開発に向かった。彼がその依頼を引き受けたのは、とりもなおさず「平和なときの科学は社会のために存在するが、戦争が始まれば祖国のものとなる」という強い愛国心の持ち主であったためだ。

彼が最初に提案したのは、自らが考案した空中窒素の固定法を応用して、(外国から輸入しなければならない)硝酸ナトリウムを使わずに綿火薬を合成する方法であった。さらに彼は、戦争の武器として毒ガスを使うことを提案した。最初は塩素ガス、さらにホスゲンやマスタードガス(イペリット)などを完成させて戦場に投入したのだ。連合軍もこれに対抗して毒ガスを使ったため凄惨な毒ガス戦となり、犠牲者を大量に生み出した。ハーバーは、「国家の存亡が科学力にかかっている総力戦においては、最前線でライフルを持って闘う兵隊と同じく科学者も一人の戦士なのである」との心情で、戦争に加担していったのだった。

戦争が終わってハーバーは戦犯のリストに挙げられたが、戦犯裁判で裁かれることはなかった。多くの科学者が彼の弁護をしたためで、たとえばJ・B・S・ホールデンは「この戦争は本質的に邪悪なものであり、さらに毒ガスによって邪悪さを付け加えたからといってフリッツ・ハーバーを責める理由がどこにあろうか」と述べたという。ここには科学者が戦争に加担したことへの反省は一切見られない。科学者は、同僚が科学において有能で優れた業績を挙げたことを高く評価するあまり、人道に悖る行為や非道徳性などを無視してしまう傾向がある。このことは、とくに科学者が陥りやすい誤った判断だろう。

第二次世界大戦とプロジェクト研究

第二次世界大戦においては、新しい武器の開発を目標とする特殊プロジェクトが組まれて、さらに大がかりな科学者の組織的動員が行なわれた。有名なアメリカのマンハッタン計画は、資金二〇億ドル(現代の約二兆円)をかけて軍人を含め科学者・技術者一三万人を動員し、たった三年ほどで三個の原爆を完成させたのだった。このようなプロジェクトの対象は、他にレーダー(いわゆる「殺人光線」)、ペニシリン、血液製剤、高速爆撃機、コンピューター、ロケット、ナパーム弾、熱帯病の薬などがある。

世界大戦は国を挙げての総力戦であり、国家が戦争のために科学者・技術者を組織し、軍事研究のために集中して資金・資材・人員を投下するという方策を採用した。ほとんどの科学者は普段は「科学に国境はない」といいつつ、戦争となれば喜んで軍事研究に従事して自らの愛国心を満足させた。ファシズム国家の跳梁を許してはならないとの使命感に燃えていたのは事実であるが、他方では戦時研究に協力することによって新しい研究テーマを見つけ、それに没頭することに喜びを見いだしたのも確かである。そこに科学者独特の心情、あるいは「欲望」がある。

戦時下の科学者の態度

科学者自身が戦争に対して毅然とした態度を取りにくいことは、戦争に直接協力しなかった科学者の言動を見てもわかる。第一次世界大戦中の一九一五年に、原子核物理学の開拓者E・ラザフォードは、ノーベル賞が確実であるといわれていた弟子モーズリーが弱冠二七歳で戦死したとき、以下のような弔辞をネーチャーに発表した(山本義隆訳)。

我が国の科学に携わる者たちは、我が国の前途ある多くの若い科学者が新しい軍隊に志願したことを誇りと憂慮の入り混じった思いで見てきました。国家の要請に対して彼らが速やかに快く応えたことは誇らしく思っておりますが、それとともに、科学にとって取り返しのつかない損失に対しては憂慮もしております。……我が国の初期の軍事機構が柔軟性を欠き、兵役を志願した科学者を、若干の例外を除いて、前線における戦闘員として使役したことは、国家的な悲劇であります。彼がトルコ兵の弾丸に曝されるよりも、戦争によって必要とされるいくつもの科学研究の分野のどれかに従事していたならば、国家にとってより有効であったであろうと思うがゆえに、モーズリーの早すぎる死は、より一層悔やまれます。

ラザフォードは科学者が戦争に協力することは当然としており、彼にとっては科学者が祖国の勝利のためにその知識を活かすのは当たり前なのである。であればこそ、エリートである科学者は、一般の戦闘員として徴用するのではなく、特別扱いをすべきであると要求するのだ。ドイツで科学者は特別扱いされていたのをラザフォードは知っていたらしい。

また、愛国心は当たり前で、議論するまでもないことと考えている。愛国意識が強く、国に奉仕することを自分の義務と心得る研究者にとっては、軍事研究を行なえること自体が自分の存在証明のように思えるのではないだろうか。

はたしてそうなのだろうか。科学は国境に閉ざされることなく、誰もが普遍的に恩恵を受け楽しむものではないのか、そう問いかけてみたい。

また、戦時にそのような愛国的心情が湧いてくるのを当然としても、通常時においても軍事研究を行なうことは愛国的であり、それは当たり前の行為ということになってしまうのだろうか。国に奉仕することを自分の義務と心得る研究者となってしまって、軍事研究を行なうこと自体を自分の存在証明のようにみなして、大きな魅力となるのかもしれない。

夏目漱石との交友で知られ、およそ戦争とは関わりなさそうな寺田寅彦だが、「戦争と気象学」(一九一八年)という随筆を書いている。戦争を始めるに当たっては気象学の知識がいかに必要であるかを説き、それとなく科学者が戦争に協力することが有意義であるとの意見を述べているのだ。また彼は、「四〇〇〇ポンドの爆弾」「水の中で強い音を出す仕掛け」「毒ガスの利用」と題する子ども向けの文章をローマ字で書いている。そこではそれらのマイナス面にはあまり言及せず、皮肉交じりではあるが、科学による軍事技術の発達を述べているのである。科学の威力を子どもたちに語って聞かせている風情で、科学者として書かずにはおれなかったのかもしれない。

ジェイソン組織

ノーベル賞を授与されたような著名な科学者たちが、アメリカ軍に軍事戦略や戦術の助言を与えたり、新しい武器を提案する秘密組織があった(現在もあるそうだ)。「JASON《ジェイソン》」と呼ばれる組織で、軍から資金を得て科学と軍事に関わる問題を討議する。その中で、彼らにとって面白そうな(つまり、実現性があり具体的に使えそうな)軍事的アイデアが出ると、それを「秘密報告」という形で軍に進言するのである。たとえば、ベトナム戦争時における枯葉作戦やチョウチョウ爆弾(クラスター爆弾の前身)、電子バリア装置やステルス戦闘機の提言などを行なっていたことが知られている。そのメンバーの一人が科学者としての責任を問われたとき、「自分は愛国的な行為をしているだけで、それは個々人の思想の自由だから非難される筋合いはない」と答えていた。確かに、科学者の愛国心そのものは咎められないが、軍事研究への加担と科学の国際性・普遍性の精神とをどう調和できるのか、問い質してみたいと思う。特に、残虐な兵器を平気で秘密報告として軍に進言することは、科学に対する裏切りではないかと思う。

DARPA方式

軍学共同の形として、アメリカ国防総省が採用しているDARPA《ダーパ》(国防高等研究計画局)方式について述べておかねばならない。

DARPAは、ソ連に人工衛星の打ち上げの先を越された際に、慌てて一九五八年に立ち上げられたアメリカ軍のリクルート機関である。現在のDARPAの主要な任務は、科学者の軍事研究の仲立ちをすることにある。およそ三六〇〇億円の予算を持っていて、国内外の民生目的の研究をウォッチしながら、軍事に転用可能なものには研究費を拠出して技術開発を行なわせたり、あるいは公募によって民間の研究者から集めたアイデアに資金を提供したりして、新たな軍事技術の開発の手引きをするのだ。DARPAが資金援助してまず軍のために開発し、その後民生技術として広まったものに、インターネット（最初ARPANET《アーパネット》と呼ばれた）やGPS（全地球測位システム）がある。この軍事研究の「DARPA方式」は、多くのアイデアを吸い上げる中で比較的安上がりに軍事開発が行なえ、日常の研究を通じて常時科学者を軍事に動員できるという「利点」があり、世界各国に広がっている。

つまり、DARPA方式とは、民生研究を行なっている科学者に資金援助（研究費提供）して、軍事研究に誘い込むやりかたなのである。研究者は、自分としては基礎研究・民生研究に専念しながら、そのアイデアを軍事研究に提供するだけでよく、実際の軍事利用は軍がやってくれるから戦争協力の責任を感じなくてよい、というわけだ。

第3章で述べるように、日本においては防衛省技術研究本部がDARPAの役割を果たしていたが、二〇一五年一〇月発足の防衛装備庁に統合され、現在は技術戦略部となっている。

2　日本の科学者の戦争協力

富国強兵とお雇い外国人

明治維新以来、日本は常に「科学技術立国」の旗を立ててきた。西洋から遅れて産業革命を開始したことから、世界に先駆けて工部大学校を設置し、「追いつけ追い越せ」の掛け声で産業力・工業力の向上を図るとともに、列強による植民地化を免れるため、さらには列強並みに植民地を獲得するために軍事力を強化してきた。この富国強兵政策は、第二次世界大戦に敗戦するまで続けられた。その結果として、役に立つ技術を優先することが習い性になり、その体質は現在まで続いている。実際、技術開発の基礎研究を行なう工学重視の風潮は強く、現在でも国立大学において技術を担当する工学部が占める割合は科学を担当する理学部に比べて圧倒的に高い。

明治政府は、急いで近代化を図るために、西洋から外国人教師を好条件で招いた。この「お雇い外国人」は一八九九年までになんと二〇〇〇人以上が日本を訪れ、多くの人材養成に功があった。帝国大学に入学したエリートを外国人教師が教育し、卒業後に海外留学させて研究者として育成するという方法によって、科学を日本に根付かせたのであった。ようやく日本人が研究実績を上げられるようになったのは明治から大正にかけての時期であろうか。それに対応して、一九一一年に帝国学士院からの褒賞制度(帝国学士院賞(現在の日本学士院賞)、恩賜賞(学士院賞および芸術院賞の中から選ばれる)、日本学士院エジンバラ公賞)が創設され、優れた科学の業績を顕彰するようになった。科学者の存在が社会的に認知され、日本において科学が制度化された時期と見てよいだろう。

帝国学士院賞および恩賜賞の受賞者を見てみよう。純粋な基礎科学分野では、第一回の木村栄(天文学のZ項の発見)、一九一二年の高峰譲吉(アドレナリンの発見)、一九一四年の日下部四郎太(岩石に関する研究)、一九一六年の本多光太郎(鉄に関する研究)、一九一七年の寺田寅彦・西川正治(X線回折の研究)、一九一九年の石原純(相対論・万有引力・量子論の研究)がいる。

その一方、一九一三年には近藤基樹(軍艦の設計、殊に巡洋戦艦設計)、一九二八年には平賀譲(高速度艦船に関する研究)に帝国学士院賞と、軍事技術研究にも目配りされている。一九一九年に陸軍が科学研究所、一九二三年に海軍が技術研究所を創設したように、この時期に自国の技術力を基礎にして軍事技術の近代化が推し進められたのである。

学士院賞を受賞した本多光太郎の鉄の研究は、その後世界をリードしたのだが、重化学工業化を推進する国家の要請を受けて重点的に推進されたものであることは明白だろう。一九一七年には科学と技術の融合を目指した財団法人理化学研究所が設立され、一九一九年には東北帝国大学附属鉄鋼研究所が生まれ、これを一九二二年に拡充・独立させて金属材料研究所とした。資源の貧困を科学技術の振興によって補う意図の下に基礎科学の育成も行なうようになったのである。

研究体制の強化

第二次世界大戦までに、科学技術の研究体制が近代化され、研究費が増額されていった。それは産業の振興、対外経済競争力の強化、そして戦時動員の基盤の培養、という三つの目標のためといえる(以下、廣重徹による)。一九三三年から研究助成事業を行なうようになった日本学術振興会は、研究費の配分を通じて産業的・軍事的要請に応じるという役割を果たすことになった。たとえば、個人研究援助においては、航空燃料、無線装置、特殊用途鋼、特殊鋼材製造、不足資源問題の解決、耐蝕材料および腐食防止などの分野に多額の研究費が割り当てており、軍事物資の研究と結びついていることがわかる。これらは戦後日本の科学の発展に引き継がれるが、軍事に主導されて本格的な研究が開始されたのである。

この間、国は膨大な数の試験研究機関(大学附置と各省庁附属がある)を設置した。微生物研究所、電気通信研究所、南洋庁水産試験場、熱帯医学研究所、産業科学研究所、結核研究所、低温科学研究所、流体工学研究所、風土病研究所などであり、そのほとんどは今日まで存続している。熱帯医学研究所、風土病研究所をはじめ植民地科学と呼ばれた分野では、南洋の地質や気候の研究、熱帯生物や熱帯病の研究、満州資源調査団など、植民地経営を念頭においた研究に資金が投じられている。

戦時中の科学動員

一九三八年、政府が国内のすべての人的・物的資源を統制運用できることを定めた国家総動員法が施行され、一九四〇年には科学動員実施計画綱領が閣議決定された。この綱領は、研究者と資材の確保・配分の権限を政府が握ることによって研究機関の管制・管理を行ない、いくつかのテーマについては総動員試験研究令を発動して研究項目や研究担当者の指定を行なうとしたのである。日本学術振興会は、陸軍・海軍・商工省に対して時局緊急問題の提出を求め、その中から研究テーマを選んで研究援助を行なった。文部省が新設した科学研究費交付金は、基礎研究のためということになっていたが、やがて戦争への動員のために使われるようになっていった。

それまで基礎研究の充実を説いていた若手・中堅研究者からも、積極的な戦争協力の声が上がるようになった。たとえば、一九二八年にヨーロッパから帰国し、理化学研究所で原子核物理学の研究を進めていた仁科芳雄(一八九〇～一九五一)は、戦争中も純粋科学を疎かにしてはならないと述べつつ、「今や科学は技術と一体となって大進軍を起こさねばならない」と、科学動員推進を後押しする積極的発言をしている。戦争を契機として、科学界の近代化と科学動員の動きが結びつき、科学界の主導権を長老から若手・中堅に移譲させるための闘争という側面があったのだろう。

一九四三年、学術研究会議（日本学術会議の前身、一九二〇年創設）の下に科学研究動員委員会がおかれて科学動員の中心を担うようになった。内閣に軍官民からなる研究動員会議がつくられ、そこで戦時研究員を任命し、資材・研究費を優先的に配分した。こうして科学の総動員体制が構築されたのである。

戦争中の科学研究費は大幅に増額された。一九四〇年と比べて一九四四年には、科学研究費交付金が約六倍（三〇〇万円から一九〇〇万円に）、日本学術振興会研究費が二・五倍（一二〇〇万円から三〇〇〇万円に）と一気に増加した。それ以上に、陸海軍の臨時軍事費中の研究費が一九四二年の約一億円から一九四五年の約三億円へと急上昇している。文部省の二つの研究費に比べて陸海軍の研究費は一〜二桁も大きく、軍からの軍事研究への資金供与の比率がいかに圧倒的であったかがわかる。

さらに、大学には軍事に絡む研究所が多く設置された。たとえば、北海道大学の触媒研究所、東北大学の科学計測研究所や電気通信研究所、東京工業大学の窯業《ようぎょう》研究所、東京大学の南方自然科学研究所や輻射線化学研究所、名古屋大学の南方医学研究所、大阪大学の熱帯植物化学研究所、京都大学や九州大学の木材研究所、九州大学の弾性工学研究所などである。科学者は研究費と研究場所の確保ができ、戦争の果実を十分に味わったといえよう。名古屋大学が一九三九年に国内で七番目の帝国大学として創設されたのも、戦争を念頭においていたことは明らかで、最初は戦時色の強い医学部と理工学部のみであった(一九四二年に理工学部が理学部と工学部に分離された)。

原爆とレーダーと

このような国の施策のために、第二次世界大戦中ほとんどの科学者個人個人は好むと好まざるとにかかわらず、戦時研究に携わらざるをえなかった。

原爆研究開発も行なわれた。理化学研究所の仁科芳雄は陸軍と共同で「ニ号研究」を進め、濃縮ウラン製造のための実験を行なった。京都大学の原子核物理学者荒勝文策は海軍と組んで「F研究」を行なった。これらの研究には、後に学会をリードする多くの若手研究者も参加していた。たとえば、ニ号研究には東京大学の玉木英彦や嵯峨根遼吉、大阪大学の菊池正士や伏見康治、F研究には京都大学の湯川秀樹や坂田昌一などである。しかし、いずれも軍から供給された資金や資材はきわめて貧弱であり、原爆の開発には程遠かった。

レーダー開発（殺人光線とも呼ばれた）においては、仁科、菊池、嵯峨根などが中心になった。強力な電波（マイクロ波）を放出する装置（マグネトロン）の開発実験が行なわれた静岡県島田には、朝永振一郎、宮島竜興、小谷正雄たち若手研究者が詰めていた。

このように、仁科や菊池といった主要な科学者が原爆とレーダーの双方の研究開発に重なって主要なメンバーとして参加していたことから、まだ日本の物理学界の研究者層が薄かったということがわかる。

変わったところでは、寺田寅彦の弟子・中谷宇吉郎（一九〇〇〜一九六二）の二つの戦時研究が興味深い。彼は、これを堂々と公表している。一つはニセコの山頂で行なった「飛行機の翼への着氷の研究」、もう一つは根室で行なった「霧を消去する研究」である。いずれも北海道という土地で普通に起きる現象なのだが、軍として解決すべき難問であった。前者は、寒冷期になると戦闘機のプロペラに氷が張り着いてしまう現象である。模擬実験をするためにゼロ戦を山頂にまで持ち上げ、風洞を作って雪を含んだ風を飛行機に当てる実験を行なった。後者は、夏に水蒸気を多く含んだ海風が吹いて霧が発生し、視界が悪くなって航空機（戦闘機）が発着できなくなる現象である。これらは現在でも問題となる現象だが、当時は戦闘機の発着に関わる重大問題で、戦時研究として軍から資金が支給されて行なわれたものである。

以上のように、戦前の日本においては国家主導によって科学動員が積極的に行なわれた。科学の後進国であった日本においては、科学者は国家の庇護を得ることが必須であり、国家に従属しなければ科学研究は継続できなかったことが窺われる。

3 ナチス・ドイツの物理学者たち

科学技術をテコに

長く割拠状態にあったドイツは一九世紀後半に統一して政治的な後進国状態を脱し、二〇世紀初めには国内産業の重化学工業化を成し遂げ、凋落しつつあった大英帝国を追い抜き、世界制覇を狙うまでに国力を充実・拡大させた。科学技術を立国の要として学術体制を整え、一気に先進国として躍り出ることになったのだ。

ドイツの科学技術涵養の成果は、その頃のノーベル賞受賞者数がイギリスやフランスを抜いて世界最多であったことを見てもわかる。もともとドイツ(プロイセン)では、一七〇〇年に創始された科学アカデミーが人文科学・自然科学両分野の碩学を集め、世界第一線の学術を牽引する役割を果たしていた。一九一一年、科学振興のためカイザー・ウィルヘルム協会が創立され、物理学、化学、生理学、生物学、人類学、優生学など自然科学全分野それぞれの中心となる研究所を設立した。ここに所属する研究者は、講義や教育の義務が一切なく、研究のみに専念できるというシステムである（第二次世界大戦後はマックス・プランク協会と名を改め、現在八〇もの基礎科学の研究所を抱えている）。

ドイツの科学者は（特に第二次世界大戦まで）、一般に高い階層の出身者が多く、形式論理を重んじて秩序を貴ぶという傾向が強く、社会のエリートとして処遇されてきた。科学の先進国であったイギリスやフランスとの間の交流も盛んに行なわれた。物理学では一九一一年以来、ベルギーの実業家ソルベーの提供した資金による国際会議が数年おきに開催されるようになり、量子論など重要問題を多くの優れた研究者が集って議論した。科学の国際主義が生きていたのである。

第一次世界大戦が始まると

しかし、第一次世界大戦が勃発するや、ドイツの科学者の愛国心が露骨に示されることになった。一九一四年一〇月、九三名の著名な科学者・芸術家が署名した「文明世界への宣言」が発表された。この宣言は、ドイツの軍国主義を正当化して戦争を擁護し、中立国のベルギーに侵攻して爆撃を加えたドイツの戦争犯罪を否認するものであった。国家間の利害の衝突で生じた戦争を、「文化の戦い」と捉えて市民層の支持を得ようとしたのだ。署名した中には、ヘッケル(生物学者)、ハーバー、オストワルト、フィッシャー(以上、化学者)、プランク、レントゲン、ウィーン、ネルンスト(以上、物理学者)、クライン(数学者)ら、歴史に名を残す科学者が多数加わっていた。科学者を含む一流の文化人が、こぞって自国の正当性を主張した異例の宣言であった。

他方、ドイツに在住していたアルベルト・アインシュタインは、この声明に署名することを断固拒否し、これに対抗すべく「ヨーロッパ人への宣言」を起草して、「ヨーロッパはよき文化を守るために統合しよう」と国際主義の立場から呼びかけた。しかし、署名したのは彼以外では三名だけだったという。「いざ戦争になると愛国者となる」多くの文化人は、ハーバーの心情を共有していたのである。

第一次世界大戦が終わった後、ワイマール時代、一九三三年のナチスの政権奪取、第二次世界大戦と、ドイツの歴史は目まぐるしく変転した。その渦中にあって、指導的立場にあった三人の著名な物理学者の理念や行動を振り返っておきたい。

「悪法も法」である――プランク

マックス・プランク(一八五八―一九四七)は、一九〇〇年という早い段階で革新的な量子論を提唱した人物ではあるが、思想的には保守的な人間であり、秩序を重んじる典型的なドイツ人であった。彼は心が広く純粋で正直であった一方、伝統に忠実であり、法を最大限に尊重した。彼は先の「文明世界への宣言」に署名したものの、ドイツの軍国主義を性急に称揚したことを反省して、ただ一人戦争中にこの署名を撤回した気骨の人でもあった。また、アインシュタインの特殊相対性理論をいち早く認めて彼の天才ぶりを高く評価し、後にアインシュタイン(ユダヤ人であった)がアメリカへ亡命(一九三三年)してからも彼への支持を変えることはなかった。ナチスの唱導する「アーリア(=非ユダヤ)科学」という胡散臭い主張は無視する見識を備え、女性がより高い教育を受けられるようにすべきであると主張する先進性もあった(実際に、女性研究者を育てたことはなかったが)。

第一次世界大戦後、プランクはドイツ科学を再建するために愛国的ナショナリストとしてドイツ文化の優秀性を強調して同胞科学者を力づけた。その一方、国際的には国際連盟知的協力委員会との間で、国家主義・孤立主義の立場に固執して確執を生じさせた。また、国家のために国を代表する人間のように振る舞うことを科学者の義務と主張し、アインシュタインの国際主義的態度を批判したりもした。

一九三〇年にプランクはカイザー・ウィルヘルム協会の総裁に選出され、名実ともにドイツ科学界の最高指導者の地位に就いた。ナチスは一九三三年に政権を取って「全権委任法（授権法）」を定めて恣意的な政治体制を築き、直ちにユダヤ人を公務からボイコットする命令を下した。そして一九三五年にニュールンベルグ法を布告してユダヤ人の公民権を奪い、大学での教員の地位や研究所での研究員としての資格を剥奪して退職に追い込み、結局彼らの多くは国を離れざるをえなくなった。比較的若い分野である物理学では、研究者の四分の一がユダヤ人で優秀な研究者が多く、追放あるいは亡命することを余儀なくされた。その中には、E・シュレーディンガー、J・フランク、M・ボルン、E・ウィグナー、H・ベーテ、O・シュテルン、F・ブロッホなど錚々たるメンバーが含まれている。やがてドイツ本国だけでなく、ナチスが占領したイタリアやオーストリアなどでもユダヤ人への迫害が拡大した。

このような事態に対して、プランクは「悪法でも法」であるとの立場で、いかに不正な手段が使われようと、形式的には合法的に国家の機関が決定した法には従わねばならない、それに反抗して抗議したり不服従の態度を取ったりすることは法治国家にそぐわない、との考え方の持ち主であった。むろん、異議申し立てをすることはできるが、それは礼儀正しく穏便に規律を守って行なわれねばならず、それが何らの功を奏しなくても仕方がない。もし政権が間違っていれば、いずれ自らの間違いを覚《さと》って政策を変えるだろう。彼は、指導者であるヒットラーは究極には良識を持っている、との根拠なき信頼感を抱いていたのである。結局のところ、プランクの楽観主義も空しく、ナチスの排外主義的行動はエスカレートするばかりで、ユダヤ人の強制収容そして絶滅に突き進んでいったのであった。

プランクのような、「悪法も法」であるとして（やむなく）許容する立場は、多くの科学者が共有した心情であった。少なくとも、ナチスは国会において多数派であり（反対派を暴力的に弾圧した結果なのだが）、その国会で（形式的には）合法的に決定された法律に従うのは当然、というわけだ。多くの科学者は、そのような彼の態度を模範とみなした。それに、公然とナチスに異を唱えることによって科学予算が減らされることになれば何にもならない、むしろ黙っている方が賢明であると考えるのが普通であった。臆病、利己的計算、自己正当化、事なかれ主義、内面深くにあるユダヤ人差別意識などがない交ぜになって、悪法を変えさせるという行動に出ることがなかった。ここには功利主義的発想はあっても、倫理的に問題を捉えようという態度はなく、したがって抵抗運動を組織することなどは思い至らなかったのである。しかし、科学者たちは自分たちが「ナチスに加担した」とは思っていない。彼らは、多くの国民と同じように、ただ単に法に忠実に従って生きただけだと信じ切っていたからだ。

もっとも、プランクは唯々諾々としてナチスに従ったわけではなかった。彼の基本的には良心的な性格のために、ナチスへの不服従の気分は強くあったようである。たとえば、ヒットラーが臨席する場では、「ハイル・ヒットラー」と手を挙げて高らかに声をあげねばならないのだが、彼は素直にそれをすることができなかった。そのようなこともあって、徐々にナチスとの間は冷えた関係になっていき、一九三七年にカイザー・ウィルヘルム協会総裁の地位をボッシュに譲った後、以後第二次世界大戦中の人生は不遇であった。また、息子のエルヴィンがヒットラー暗殺計画に加担して処刑され、「国賊の父」として非難されたこともあり、不幸な晩年であったようだ。

科学至上主義――ハイゼンベルグ

ウェルナー・ハイゼンベルグ(一九〇一～一九七六)は、ドイツの科学をいかに躍進させるかを常に考えていた。ナチスが政権を取り、「アーリア科学」を標榜する科学者たちがのし上がっていくようになって、自由な研究のために国を離れた方がよいと勧められたにもかかわらず、断固としてドイツに留まった。「アーリア科学」のナンセンスさをよく知っており、「ユダヤ科学」として非難された量子論や相対論を擁護し、「白いユダヤ人」と非難されたが、大学で教え続けた。

ハイゼンベルグは若かったので、最初ナチスは彼を無視していたが、一九三二年に弱冠三一歳でノーベル物理学賞を受賞してから、ナチスは彼に関心を持ち、積極的に働きかけて取り込もうとした。ナチスは「科学を戦争に利用」しようとしたのである。これに対し、ハイゼンベルグは「戦争を科学に利用」しようと考え、ナチスと手を組むことを厭わなかった。戦争に乗じて科学者の存在を認知させるだけでなく、新たな武器開発の名目で科学予算を引き出し、科学をより発展させようというわけである。ハイゼンベルグとナチスは、「戦争」と「科学」について裏腹の、まさに同床異夢であったのだ。

一九三八年に発見されたウランの核分裂反応は、それまで知られていなかった桁外れに莫大なエネルギー源として瞬く間に世界に知れ渡った。科学者は原爆の可能性にいち早く気づき、一九三九年八月、L・シラード、E・テラー、E・ウィグナーの勧めでアインシュタインはアメリカのルーズベルト大統領宛てに原爆開発を勧める手紙を書いた。ドイツでは九月に「ウラン・クラブ」が招集されて、ハイゼンベルグが原爆開発に携わるようになった。

この年九月にナチスがポーランド侵攻して始まった第二次世界大戦は、初期の段階ではナチスが占領地を際限なく広げていきそうな状況にあった。一九四一年、彼は世界的な物理学者ニールス・ボーアとコペンハーゲンにおいて会見を行なった。ここで何が話し合われたかの正確な内容は闇の中なのだが、ボーアがハイゼンベルグ宛てに書いて結局投函しなかった手紙が公開されており、それに基づくと、次のように推測される。

コペンハーゲンを訪ねたハイゼンベルグは、ボーアに対して、「いずれドイツでは原爆が完成し、ナチスが世界を支配するときが来るのだから、その体制にボーアも従うべきだ」といったのではないかと思われる。ハイゼンベルグはドイツ科学の有能さを信じており、ナチスを利用すればいっそうヨーロッパにおける科学の主導権が握れると考えていたようであるからだ。ボーアはこのハイゼンベルグの提案を拒否したのであろう。実際、会見の後、ボーアは激怒していたと伝えられている。

戦争中、ハイゼンベルグは占領地を訪れてはドイツ科学を高らかに称揚し、ドイツに付き従うよう現地の科学者たちを説得していた。このようなハイゼンベルグの科学至上主義は、ドイツの科学者たちにとって快い思想であったに違いない。自分たちはナチスのためではなく、科学のために尽くしていると考えることができたからだ。戦争が不利になってからも研究予算は増やされ、科学者たちはナチスを科学の擁護者として歓迎したのであった。

戦後、ドイツの科学者たちは、ナチスが犯した戦争犯罪は認めつつも、自分たちは「非政治的な行為として科学に殉じただけ」なのだから責任はないと主張した。そうすると、科学を進めるためならば戦争だって構わないということになってしまうが、それに対する省察はない。

日和見主義的科学主義——デバイ

もう一人、一般にはあまり知られていないが、ピーター・デバイ（一八八四—一九六六）を取り上げたい。彼はオランダ出身で、物理化学（物理学の方法を用いる化学の一分野）において非常に才能豊かな科学者であった。一九三六年にノーベル化学賞を授与され、一九三四年からアメリカに亡命する一九四〇年までカイザー・ウィルヘルム物理学研究所の所長を務めた。一九三七年からはドイツ物理学会の会長も兼任しており、ナチス・ドイツ時代の物理学分野において指導的立場に就いていた人物である。

デバイは、ハイゼンベルグとは違った意味の科学至上主義者で、政治的には日和見主義といえるだろう。科学のためには大胆にナチスと妥協することも厭わず、予算を増やすために物理学会からユダヤ人を排除するための措置もとった。しかしハイゼンベルグのように国家を背負う意識はまったくなく、いわば科学研究が楽しいから、それを邪魔されたくないからナチスに同調しただけのことであったのだ。

だからデバイは、ナチスが厭がりそうなことでも、科学のためなら平気で実行した。たとえば、カイザー・ウィルヘルム物理学研究所の所長として、プランクとナチスの間の関係が冷え切っていたことを知りながら、一九三六年に新しく建設された研究所にマックス・プランク理論物理学・実験物理学研究所と名付けた。彼は政治的な配慮よりも、単にその方が研究所に相応しいと考えたからだ。また、原子核物理学者リーゼ・マイトナーの身にユダヤ人差別による危険が及びそうになると、スウェーデンへの脱出のために手を差し伸べることを躊躇しなかった。優秀な科学者に対しては、政治的立場に関わりなく、惜しみなく援助したのである。政治より科学をずっと優先して考えたのであった。

デバイがアメリカへ亡命した直接の理由は、国籍をオランダからドイツに変えるようナチスから求められたのを拒否したためである。それ以前からナチスとの関係がぎくしゃくしており、自由な研究が出来なくなっていたため、ドイツに滞在することが厭になっていたのだと推測される。といって政治的対立があったわけではない。条件さえ整えば、ドイツへ帰ることも考えナチスと交渉していたようだから。アメリカのイリノイ大学に着任して後、死ぬまで物理学への興味を失わず、彼に近づいてくる人間があれば誰かれなく学者としてつきあって人気があったという。

多くの科学者は、デバイのような人間を好むであろう。科学者として優秀であることはもちろんだが、科学のためには汚れ役でも進んで引き受け、堅苦しいことをいわずに清濁併せ呑むところがあるからだ。政治や倫理は後回しにして、結果的に科学が発展すれば良いではないか、となる(私はデバイのそのような側面を日和見主義と呼んだのである)。

三者三様の意識

プランク、ハイゼンベルグ、デバイと、科学と政治に対する態度は三者三様であった。共通しているのは、「ナチス時代の戦争犯罪には自分たちには責任がない、なぜなら自分たちは科学が進歩することのみを追求しており、非政治的に振る舞ったのだから」という意識である。おそらく現代の科学者にも共通する心情だろう。

三人の意見や思惑を単純化していえば、次のような主張になるだろう。

(1)「悪法も法」であって、それは当然なのだから何ら非難されることはない。

（2）愛国心からの研究なのだから、科学の振興のために悪魔と握手して何が悪い。
（3）政治のアレコレなどは一切考えず、自分の好奇心のまま科学に従事するのだから、人からとやかくいわれる筋合いはない。

このような心情のいずれかに陥ると、科学はいかなる行為か、何のための科学か、誰のための科学なのか、科学が何を生み出すのか、それがいかなる結果を導くのか、それは正しいことなのか、科学の目的は何なのか、それと反していないか、など根本的な倫理問題を一切考えなくなってしまう。自分の行為を客観視し、倫理的に点検する視点を失ってしまうのだ。

ナチス時代の科学者は、平時においては何ら問題とはならなかった、「いかなる立場で科学研究を行なうのか」を厳しく問われることになってしまった。そして、戦争となって、国家からの支えによって研究ができ、科学者としての生活も営める身であることを強く認識させられると、愛国者であることを示さなければならなくなる。そこで科学者たちは罪の意識を持たなくて済むよう、右の三つの主張のいずれかを選んだのである。

今日の日本では、平時ではあっても、軍と共同研究を行なったり、兵器の開発に協力することが求められたりすることが起こりつつある。そのような軍学共同への流れとどう向き合い、どのように振る舞うべきだろうか。

第2章　科学者の戦争放棄のその後

第二次世界大戦中に戦争のための科学研究に加担し侵略戦争の片棒を担いだことを深く反省した日本の科学者は、戦後間もなくの一九四九年に平和路線を宣言した。さらにその後も、さまざまな立場から軍事研究に反対する意志を社会に表明し、大学や研究機関を律してきた。世界中の科学者が軍事研究を当然とし、日常的に軍事組織からの資金提供を受け、軍関係者との共同研究を行なっていることを考えれば、日本の科学者が軍と関係を持たず、軍事研究を拒否する姿勢を堅持してきたことは異例であった。しかし近年、再び軍と学が接近し、今や軍学共同が公然と行われつつある。大学・研究機関の研究者は軍事研究についての強い警戒心を抱くことなく、研究費の魅力や科学推進の美名によって安易に軍学共同に参加しようとしているのである。その結果として近い将来、学問の自由の危機を招くことが強く懸念される。

1　戦後の平和路線とその躓き

日本学術会議の決意表明

一九四八年七月に戦前の学術研究会議を継承した形で、日本学術会議法が制定された。その法律の前文には、

日本学術会議は、科学が文化国家の基礎であるという確信に立つて、科学者の総意の下に、わが国の平和的復興、人類社会の福祉に貢献し、世界の学界と提携して学術の進歩に寄与することを使命とし、ここに設立される。

と書かれている。平和主義を一つの重要な柱とする新憲法を国会で成立(一九四六年に交付、四七年施行)させたのだから、「学者の国会」としての日本学術会議においても、平和と人類の福祉のための科学研究に従うことを内外に示そうとしたのである。

明くる一九四九年に正式に日本学術会議が創設されて会員が選出されたのだが、その第一回総会において「日本学術会議の発足にあたつて科学者としての決意表明」が発表された。その中で、

われわれは、これまでわが国の科学者がとりきたつた態度について強く反省し、今後は、

科学が文化国家ないし平和国家の基礎であるという確信の下に、わが国の平和的復興と人類の福祉増進のために貢献せんことを誓うものである。

となっている。学術会議法前文にはなかった、「これまでわが国の科学者がとりきたつた態度について強く反省し」の文言が付け加わったのである。

これを巡っての激論があったらしい。ある会員から、「国家が戦争をはじめた以上、国民である科学者が、これに協力するは当然のことであり、戦争が終わった現在、過去のことを云々するのは却ってよくないのではないか」という意見が出されたという。戦争になれば科学者は愛国者となるのは当然で、反省する必要はないとする意見である。

これに対し坂田昌一は「科学者は国家の侵略的行動にたいして盲目であってよいというのであろうか。戦争の性格についての理性的な判断を放棄したことを恥としないのであろうか」と批判し、「学問の政治に対する幇間《ほうかん》性をぬぐいさり、その自主性を回復することにつとめねばならない」と書いている(『科学者と社会　論集2』)。

第1章に書いたように、科学者は科学の国際性より愛国主義を優先して戦争に協力するのを当然だとし、科学の発展のためという理屈をつけて自分たちは「非政治的」だとみなすのを常としてきた。これを坂田は「学問の政治に対する帮間性」と呼んだのである。続いて、同年の第四回総会では、仁科芳雄と荒勝文策の提案による「原子力に対する有効なる国際管理の確立要請」という声明が出されている。

日本学術会議は、平和を熱愛する。原子爆弾の被害を目撃したわれわれ科学者は、国際情勢の現状にかんがみ、原子力に対する有効なる国際管理の確立を要請する。

当時、世界の平和が維持できるかどうかの鍵を握るのが原爆の国際管理問題であった。国際的にも激論が交わされていた最中であり、時機に適った声明であったとはいえるが、提案した仁科・荒勝両氏は、日本の原爆の研究開発に関わった中心人物であった（第１章）。二人は原爆開発の道義的責任をどう考えたのだろうか。

新たな戦争の影

日本学術会議は一九五〇年四月の第六回総会において、「戦争を目的とする科学の研究には絶対に従わない決意の表明」を発表した。

われわれは、文化国家の建設者として、はたまた世界平和の使として、再び戦争の惨禍が到来せざるよう切望するとともに、さき〔第一回総会〕の声明を実現し、科学者としての節操を守るためにも、戦争を目的とする科学の研究には、今後絶対に従わないというわれわれの固い決意を表明する。

この時期、朝鮮戦争、レッドパージ、警察予備隊の発足など、不穏な空気の中で徐々に戦前の軍国主義が復活し、新憲法により保障された学問・思想の自由がおびやかされかねないとの危機意識があったのだろう。実際、一九五一年一月の総会では「再軍備に反対する決議案」が否決され、五月の総会でも「戦争から科学と人類を守るための決議案」も採択できなかった。社会の動静に対して、学者として毅然とした態度を取り続けることが早くも困難になっていたのである。

坂田は、一九五一年に日本学術会議の学問・思想の自由保障委員会が全国の科学者に対して行なったアンケート調査に触れている。そのアンケートでは、「過去十数年において学問の自由がもっとも実現されていたのはどの時期であったか」の質問に対し、「太平洋戦争中であっ研究費の高さただ」という回答が最も多かったという。これは、戦争中においては科学の軍事動員のため研究費が国家から比較的潤沢に提供されたことの現れだろう。そして、この結果は研究費の高さとと研究の自由が等置されていると推測される。科学者は研究費さえ潤沢に保証されるなら、何のための研究であるかを考えることがないのかもしれない。研究を継続できさえすれば、それを研究の自由と思い込むのである。

日本学術会議の声明に呼応するかのように、東京大学の南原繁総長は、一九五〇年の評議会において「軍事研究に従事しない、外国の軍隊の研究は行わない、軍の援助は受けない」との原則を打ち出している。

一九五九年、糸川英夫東大工学部教授の行なっていたロケット研究が軍事研究につながるのではないかと学生から指摘があった。このとき、茅誠司東大総長が評議会において、

軍事研究はもちろん、軍事研究として疑われる恐れのあるものも一切行わないということは、自主的に、かつ良識のもとに一貫して堅持されており、この考え方をさらに徹底させ、評議会、学部長、研究所長、教授会を通じ、研究室のすみずみに至るまで浸透させることが大切である。

と発言している。ただし、一九五九年九月一六日付の『東京大学新聞』には、

〔茅総長は〕軍事研究と平和研究の区別が困難であることを指摘して、科学の両義性にも言及しており、原則としては研究者が良識と良心のもとに、平和研究を行なうべきとの見解を表明した。

と書かれている。科学の両義性を指摘し、その選択は「研究者の良識と良心」によるとしたのである。

その後も日本学術会議は、数多くの声明、勧告、申入れ、アピール、要望などを公表している。一九五四年の第一七回総会では、「原子力の研究と利用に関し公開、民主、自主の原則を要求する声明」を採択した。いわゆる「原子力三原則」を謳ったもので、五五年に制定された原子力基本法に活かされることになった。とはいえ、早くも一九五九年にわざわざ「原子力基本法の遵守について」とする勧告を出しているように、三原則は当初から守られない状況が継続してきたのである。原子力技術は自主的技術開発ではなくアメリカからの直輸入であり、原

子力研究所労働組合への攻撃に見られるように民主的な運営がなされず、数多くの事故隠しがあったように公開の原則もないがしろにされてきたのだ。このような原子力三原則の無視が原発の安全神話の根源となったことは否定できないだろう。二〇一二年の原子力規制委員会法の制定の際、附則によって原子力基本法にある三原則を抹消するとともに、「安全保障に資する」という文言が挿入された。これによって、日本の核兵器保有が可能になってしまったことを忘れるべきではない。

あまり知られていないが、日本学術会議はベトナム戦争における米軍の枯葉剤散布に対する英文の「農薬の軍事使用に反対する世界の科学者へのアピール」(一九六六年、第四六回総会)を発表している。また、核戦争の危機が囁かれたときには「ベトナム戦争における核兵器の使用に反対する世界の科学者へのアピール」(一九六七年、第四八回総会)を出している。良識の府としての日本学術会議の役割を果たしていたのだ。しかし、その足元から問題が生じることになった。

米軍資金問題

一九六六年に日本物理学会が開催した半導体国際会議に、米陸軍極東研究開発局から資金援助を受けたことが、会員の指摘により問題になった。それをマスコミが取り上げて調査したところ、多くの大学や研究機関が同じ資金援助を受けていることが判明した(『朝日新聞』一九六七年五月一九日、およびそれ以降の報道)。国会で問題となり、日本学術会議でも激論が交わされた。

米軍から資金援助を受けていたのは、国立大学では東大や京大など一四大学四二件、公立大学では横浜市大や大阪市大など五大学一三件、私立大学では慶應大学や慈恵医大など六大学一八件、民間機関として北里研究所や山階鳥類研究所など一〇件、その他日本物理学会・日本生理学会・国立療養所の三件であった(『朝日新聞』一九六七年五月一九日)。むろん、米軍としてはまったく軍事と関わりない研究への資金供与ではなく、何らかの関係があるものを選んでいるのだろう。日本物理学会の国際会議は半導体をテーマとしており、軍事技術と関係が深いために援助が得られたのは明らかである。

当時、日本の復興は著しく進んで高度成長期にあり、学術界の再建や世界における日本の学問的な地位の向上など、日本は着々と国際的な存在感を増している状況にあった。しかし、まだ国家予算からの科学研究への投資は大きくなく、特に外国へ出かける旅費や、外国人を招請する際の旅費、国際会議を開催する経費、外国からの機器輸入やサンプルの取り寄せの費用などについて厳しく制限される状態が続いていた(一ドル三六〇円の時代であった)。そのため、一流の仕事をしているのに外国から招待されなければ国外に出られないとか、外国人が自費で来てくれるのを待つしかないとか、日本で開く国際会議に招待できる研究者は限られて小さな会しか開催できない、など不満が溜まっていた。大きな金額ではないが、自由に使える資金を研究者たちは強く望んでいたのであった。そこに米軍が目をつけて資金提供を行なったのだ。

東大では当時、医学部への米軍資金の導入問題とともに自衛官の入学問題も起こっており、軍事研究問題で全学騒動となった。このとき大河内一男総長が評議会で

> 軍事研究は一切これを行なわない方針であるのみならず、外国をも含めて軍関係者から研究援助を受けないことは本学の一貫した方針である。

と発言をしたことが確認されている。先に述べた一九五〇年の南原原則、一九五九年の茅発言に続く、東大の三度目の軍事研究に関わらない旨を述べた総長談話である。さらに、茅発言と同様、科学の両義性について、

学問研究は、その扱い方によって平和利用にも軍事目的にも利用される可能性をもつもの

であって、具体的な場合どのように措置するかは、最終的にはすべての研究者の良心と部局の良識によって決められるべき問題である。

とのコメントが付いている。両義性に関して研究者個人の良心のみではなく、部局として議論し良識を示すべきとの提言は評価すべきだろう。

一九六九年、加藤一郎総長代行が職員組合との間で交わした「確認書」には、

大学当局は「軍事研究は行わない、また軍からの研究援助は受けない。」という東京大学における慣行を堅持し、基本的姿勢として軍との協力関係を持たないことを確認する。

と記された。しかし、この確認書は評議会の承認を得ていないためか、東京大学はその存在そのものを否定している。

いずれにしろ、東大としては軍事研究を行なわないことを事あるたびに総長が発言してきたのは事実である。日本の大学全体がまだ軍事研究にどっぷりと浸かる状況になっていないのは、このような東大のそれなりの健全な姿勢があることもあるのではないだろうか。

平和路線とそれへの反論

米軍資金導入問題の火元であった日本物理学会は、一九六七年に臨時総会を開き、激論の末、(決議1)半導体国際会議に米軍資金を持ち込まれたことは遺憾とする、(決議2)同国際会議実行委員会が物理学会に諮ることなく米軍資金の導入を決定したことは重大なあやまりである、(決議3)日本物理学会は今後内外を問わず、一切の軍隊からの援助、その他一切の協力関係を持たない、の三つの決議を採択した(関係者の処分を行なうとした決議4は否決された)。外国では軍が科学研究の援助を行なうのが普通であるし、軍関係者が学会に参加したり発表したりするのは当たり前であるとして、これらの決議に反対する意見も出されたが、初心に戻って軍隊とあらゆる関係を持たないことを明確に決議したのである(決議3の賛成は一九二七票、反対七七七票、保留六三九票であった)。

当時、朝永振一郎が会長であった日本学術会議も、一九六七年の第四九回総会において、

真理の探究のために行われる科学研究の成果が又平和のために奉仕すべきことを常に念頭におき、戦争を目的とする科学の研究は絶対にこれを行わないという決意を声明する。

と誓った。日本学術会議として一九五〇年の声明に引き続く二度目の決意表明であった。

しかし、時間が経つにつれ、この誓いは忘れ去られていく。反論として、日本以外では軍関係者も問題なく学会や大学に出入りできるが、日本では原則的にそれができない。そのため軍関係の外国人に対して学問の自由を阻害している、というクレームが付けられた。また、日本人がたとえば北極や南極にある外国の軍事基地を利用したり、軍に所属する船や施設で研究したりすることも困難である(特別な許可を得なければならない)という不満も出された。軍との関係について一枚岩ではなかったのである。前述のように、旅費などが不自由で外国人研究者と対等な関係が結べないとの科学予算についての不満も依然として高かった。

大学改革の中で

一九七〇年代から一九八〇年代にかけて、いわゆる「(国立)大学改革」が文部省主導の形で推進されるようになった。高等教育の多様化(四文字・六文字・八文字の学部名や学科名が増えた)、新構想大学の創設(大学院大学や新設医科大学など)、共通一次学力試験の導入、教育費の受益者負担の徹底(学費の値上げ)などにより、大学を産業界が要求する人材養成機関とする政策が強力に推し進められるようになったのだ。

この時代、多くの大学や研究機関において「平和宣言」や「非核宣言」が出され、反戦意識が高揚し、軍事研究には手を出さないことを自主的に宣言する運動が広がった。一九八二年から一九九〇年までの間に、大学では名古屋大学、小樽商科大学、山梨大学、茨城大学、新潟大学が、また日本原子力研究所を始めとする一九もの研究機関が、平和・非核宣言を出した。大学紛争の嵐が収まるとともに、大学とは何か、学問はどうあるべきか、について思索が求められた時期と言えるだろう。

一九九〇年代になると、文部省の大学運営への介入がいっそう強められるようになった。これは世界的傾向で、「知化社会」ともいわれる高度知識社会を迎える一方、高等教育への国家の財政負担が重くなる一方で、その折り合いをどうつけるかが重要問題となったためである。行政当局は、財政誘導と引き換えに、ある意味での「合理化」を大学に押しつけようとした。ヨーロッパで進められた「ボローニア・プロセス」がその典型で、これにより各国・各大学が独自な方式を採用してバラバラであった高等教育システムに一定の統一基準が作られるようになった。どこの大学も同じようなレベルであることを保証するということにしたのである。日本においても「大学設置基準の大綱化」(いわゆる教養部の廃止による専門教育の早期化)や「大学院重点化」(大学運営の中心を大学院に置くことによる大学院教育のマスプロ化)が打ち出され、それに加えて行政改革の掛け声の下で国立大学の民営化論/独立行政法人化論が盛んに議論された。

この間、科学研究費補助金などの競争的資金制度が整備・充実され、外国との交流や共同研究が増える中で、軍機関との関係を許容する議論が強まった。

その中で、日本物理学会は一九九五年、前記の決議3の規定を緩めて、「学会が拒否するのは明白な軍事研究である」と規定し直し、「明白な軍事研究」以外は許されるとした。その理由は、「軍事研究といえども基礎研究とつながっており、境界を定めることができないから」というものであった。当時の物理学会の伊達宗行会長の解説によれば、「研究費が軍関係から出ていたり、軍関係者の研究が提出されても、その研究内容が明白な軍事研究でなければ拒否しない」「論文の謝辞に軍関係者が入っていても拒否しない」「共催団体に軍関係者が若干入っていても拒否しない」。なぜならこれらは国際慣行であり、国際対応のためには必要、というものであった。国際関係を口実として、軍関係者とのつながりを持つことを解禁するもので、その歯止めが「明白な軍事研究」なのである。しかし、軍事的応用を目指した研究であっても、あからさまに軍事研究だというはずがない。ましてや、「明白な軍事研究」は秘密研究になるから、公表されることはまずない。したがってこの規定は、学会として「軍と関係があると認定しても何も拒否しない」という立場を表明したというべきだろう。決議3を反故にして、軍学共同を実質的に認めることにしたのである。

その理由として、軍との関係は政治的な問題であり、日本物理学会は純粋に学問について議論し研鑽するための組織だから、政治的なことには関与しないというものだ。したがって軍との関係は不問にするという論理立てだが、これはおかしい。軍と関係を持たないことこそが政治的なことに関与しないことになるはずなのだから。ナチス時代のドイツの科学者たちが、自分たちは「非政治的」行動と思ってはいたけれど、結果としてはナチスを手助けすることになったのを思い出す必要がある。

拡大する米軍の資金援助

米軍は、日本の研究者がどのような資金への要求が強いかをよく心得ていて、あまり大きな金額ではなく、また大っぴらな資金提供という形にせず、研究者の懐柔を図るという方策を採用するようになった。それが迂回援助である。

米国防総省空軍科学技術局（AFOSR）は、その傘下のアメリカ・アジア宇宙航空研究開発事務所（AOARD）を通じて、日本の大学への研究助成・会議助成・旅費助成を行なっている。

資金元である米軍(AFOSR)は表には出ず、民間団体(AOARD)が募集や選考を行なうのである。だから、見かけ上は米軍のヒモ付きの援助ではないことが売り物になっている。公表されたデータによれば、研究助成は一九九九年には一件であったのが二〇〇九年には二四件にも増加し、助成総額はこの一〇年間で一〇倍を越えているようである(『朝日新聞』二〇一〇年九月八日以降の連載記事)。

空軍だけでなく、海軍は「海軍研究局(ONR)グローバル東京」という名の、陸軍は「国際技術センターパシフィック(ITC-PAC)」という名の、それぞれ事務所を構えて資金提供を行なっている。研究費支出の目的は、民生技術の研究者や研究内容の情報を収集すること、そこから軍事に応用可能な新分野開発の可能性を見出すこと、人脈を作り軍事研究の協力者を増やすこと、米軍に親近感を持つ学生を協力者として安い費用で使うこと、などであろうか。旅費や会議費の援助は、いわば軍隊の宣伝費用のようなものである。小さい費用で米軍への好感を持たせることができるからだ。

ちなみに、ノーベル化学賞を受賞した白川英樹は、一九七六年にアメリカの大学の博士研究員として留学した際、ONRから給与を支給されたそうである。そのことを渡米後に知った彼は、「違和感があった」とし、「基礎研究もいずれ軍事に関係するかもしれない」と不安に思ったと語っている。白川が開発した導電性ポリマーには軍事への応用可能性がある。米軍もまったく無償で援助しているわけではないのだ。

実際に、米軍からどれだけの資金援助がなされているか、ほとんど秘密のベールに包まれているのでわからない。しかし、アメリカ政府の「連邦政府調達実績データベース」から、米軍の横田基地を介しての日本の大学や研究機関への米軍資金の流れの概要を知ることはできる。それによれば、多くの大学の研究者に、かなり大きな金額の資金が提供されているようである。

また、二〇一五年一二月の共同通信によって行なわれたアンケート調査によれば、二〇〇〇年以降で一二の大学・研究機関の研究者へ総計二億円を超える研究資金が米軍から提供されていた（たとえば『東京新聞』二〇一五年一二月七日）。上記のデータベースに記載されている大学・研究機関にアンケートしたものだから、回答しなかったところや資料がないとして回答保留したところもあるので、この結果は氷山の一角であろう。

やや異なったケースとして、ＯＮＲが資金を提供し、アメリカ国際無人機協会が主催した無人ボートの国際大会「マリタイム・ロボットＸ・チャレンジ」がある（『東京新聞』二〇一五年六月三日）。無人ボートを開発して性能を競う大会で、さしずめ「海上を走るドローン開発」である。日本では、東大・東工大・阪大の三大学の学生チームがこれに参加し、それぞれが八〇〇万円の支援を受けた。軍(ONR)はスポンサーだが後ろに控えていて、民間団体(無人ボート協会)が表に出るやり方で、軍は裏で優秀な学生に目を付けてリクルートすることを考えているようである。東大は、軍事研究への関与や軍事関連組織からの資金援助を原則禁止しているはずなのだが、米軍の関与を知りつつ、「大会は最先端技術の習得が目的」として施設利用と学生の参加を認めたという。その言い訳として「学生の自主性を重んじた」と言っており、いかにも他人事であるかのようである。

おそらく、このように軍がスポンサーとなって、民間の(多分、軍の天下りの組織だろう)NPO機関などに委託してコンテストや研究募集などを行なっているケースが多いのではないだろうか。こうなると、当事者以外には資金のルートがわからない。典型的な迂回援助である。

むろん軍機関が堂々と表に出ているコンテストもある。米国防総省の国防高等研究計画局(DARPA)が資金を提供するロボットコンテスト(ロボコン)である。これまでは無人戦闘機ドローンやクルマ型自律走行ロボットの開発などを目指したものが多かったのだが、二〇一二年から「災害時におけるロボットの運用」を目的とするロボコンが開催されるようになった。三・一一の原発事故が起こってすぐ、災害用のロボコンを企画するのはさすが機に敏いDARPAというべきかもしれない。軍事にも転用可能なロボット技術の開発を狙っていることは明らかである。

この最初の大会で、東大の情報理工学系研究科のグループが参加する希望を表明した。しかし、同研究科が定めていた「科学研究ガイドライン（二〇一一年三月作成）」に「一切の例外なく軍事研究を禁止する」と定められていて、DARPAは米国防総省の部局であるから、そのままでは参加できないことが判明した。そこで、このグループは東大を離れてベンチャー企業を起ち上げて参加したのである（第3章で述べるように、このことがあったため情報理工学系研究科は「科学研究ガイドライン」を書き換えることにした）。このグループのヒト型修理ロボットは翌年の本選でみごと一位になり、DARPAも含めていくつかの企業から共同開発の申し出があったが、結局グーグルに買収されたそうである。

従来から、北大西洋条約機構（NATO）が主催するさまざまな分野の基礎科学に関わる国際会議が数多く開かれてきた。NATOに関係しない日本の研究者も招待されて旅費や滞在費の援助を受けており、何の違和感も持たずにNATO諸国からの参加者とともに会議に参加している。また、一般の国際会議への参加のため、NATOが旅費を援助する仕組みもある。これらはNATOという軍事組織が科学者の間で市民権を得るために資金提供しているものである。参加する科学者がNATOを支持するとまではいわなくても、NATOの軍事行動に反対しにくなるのが自然の成り行きだろう。このような形で軍の存在が人々の意識の中に自然に入って来て認知されていくという方式は、今後日本の防衛省も進めていくのではないだろうか。

2　軍と学の接近

防衛省の技術交流事業

第1章で、軍学共同の形としてDARPA方式を紹介した。このDARPA方式を日本の防衛省が採用している。その主体が防衛省技術研究本部（技術本部と略す。二〇一五年一〇月から防衛装備庁の一部門となって技術戦略部と名を変えた）である。技術本部の任務は、「防衛装備品の設計・開発・試作の研究を行なうとともに、それらの技術的調査研究を行なう」とされており、年間一七〇〇億円程度を使ってきた。とくに「研究開発に係る諸施策」として、「防衛装備品にも応用可能な民生技術の積極的な活用とファンディング制度」を掲げている。さらに、「防衛装備・技術基盤戦略」として各国との防衛装備・技術協力を進めるとともに、「防衛装備移転三原則を踏まえた取り組みを推進」とあるように、外国との武器生産の共同研究や武器輸出までも視野に入れていることが窺われる。ここでは、国内大学・研究機関との技術交流とファンディング制度を見ておこう。

技術本部と大学・研究機関との「国内技術交流」は、「大学・研究機関等の優れた技術を積極的に導入し、効果的かつ効率的な研究開発の実施」を目的として二〇〇四年に開始している。これは防衛省が研究費を提供して直接技術開発を行なうものではなく、「学」セクターとの「相互交流」「相互補完」を目標としたものである。ここに多くの国立や私立の大学とともに、独立行政法人から研究開発法人へと衣替えした研究機関が数多く参加していることが注目される。

過去一二年間に協定が結ばれた技術交流事業を表1にまとめている。二〇〇四年に一件、〇五年一件、〇六年二件、〇七年一件、〇八年三件、〇九年一件、一〇年一件、一一年一件、一二年一件、一三年三件と、最初の九年間は一～二件、多くても三件に過ぎなかったのだが、最近になって一三年五件、一四年一一件と急増しており、一六年度においては新規は三件のみだが、継続分を合わせると八大学七研究機関で二四件もの技術交流が進行中である。ＪＡＸＡは、なんと六件も交流を行なっている。

実は、最近まで技術交流は防衛省のホームページで全ての事業が公開されていたのだが、組織変え後の二〇一五年一二月から全事業の公開を取り止め、「技術交流の例」として九州大

表1　防衛省技術研究本部と大学・研究機関との「技術交流」一覧

年度	提携先	協力内容
2004	宇宙航空研究開発機構	三次元・耐熱複合材料技術の技術交換
2005	宇宙航空研究開発機構	ヘリコプタの技術情報交換
2006	医薬品食品衛生研究所	大気中微粒子の観測データ解析
2006	*情報処理推進機構	情報セキュリティ分野技術情報交換
2007	宇宙航空研究開発機構	同じ模型を用いて双方で比較風洞試験
2008	*海上技術安全研究所	多胴船の波浪中船体運動・船体応答技術
2008	東京消防庁	ソフトウェア無線機を用いた中継
2008	帯広畜産大学	生物検知試験評価・検知用データベース作成
2009	帝京平成大学	大気中微粒子の観測データ解析
2010	東京工業大学	空気圧計測制御の技術情報交換
2011	東洋大学	疲労度合の調査等
2012	*横浜国立大学	無人小型移動体の制御アルゴリズム構築等
2012	*慶應義塾大学	圧縮性を考慮したキャビテーション現象に係るデータ取得及び数値解析技術の構築
2012	情報通信研究機構	高分解能映像データ(合成開口データ)技術
2013	情報通信研究機構	海洋レーダー関連技術
2013	理化学研究所	中赤外電子波長可変レーザーによる遠隔検知
2013	宇宙航空研究開発機構	赤外線センサ技術等
2013	*九州大学	爆薬検知技術
2013	水産工学研究所	水中音響信号処理技術
2014	*帝京平成大学	爆薬検知技術
2014	*千葉工業大学	3次元地図構築技術及び過酷環境下での移動体技術(ロボット技術分野)

年度	提携先	協力内容
2014	*九州大学	海洋レーダを用いた海洋観測
2014	*情報通信研究機構	高分解能映像レーダ(合成開口レーダ)に関する技術情報交換等／サイバーセキュリティ及びネットワーク仮想化に関する技術情報交換等／海上レーダの技術情報交換
2014	*海洋研究開発機構	自律型水中無人探査機分野／無人航走体及び水中音響分野
2014	*宇宙航空研究開発機構	ヘリコプタの技術情報交換／赤外線センサの技術情報交換／滞空型無人航空機技術の技術情報交換
2014	*千葉大学	大型車両用エンジン技術の技術交換
2014	*電力中研及び東工大	レーザーを用いた遠隔・非接触計測技術
2015	*金沢工業大学	水中無人車両の計測技術／IED (Improvised Explosive Device) 対処技術
2015	*宇宙航空研究開発機構	人間工学技術の技術情報交換
2016	宇宙航空研究開発機構	先進光学衛星に搭載される衛星搭載型2波長赤外線センサに関する研究協力／極超音速飛行技術の技術情報交換
2016	警察庁	耐弾時人員衝撃評価技術の技術情報交換

*2016年度も継続

学・帝京平成大学・海洋研究開発機構(JAMSTEC)との三件の共同研究・研究交流しか示さなくなった。ホームページで公然と開示していたのだが、秘密とするよう何らかの力が働いたのだろうか。

「交流」の発展

防衛省としては技術交流にかかる費用の予算を計上していないので、このための研究費は出ていないようなのに、なぜこのように大学や研究機関との技術交流件数が増加したのであろうか。それは明らかに、技術協力が成功して自衛隊の装備計画に組み入れられたら、防衛省から大口の資金が流入する可能性があると期待してのことであると思われる。現に、宇宙航空研究開発機構(JAXA)と情報通信研究機構(NICT)がその「恩恵」を受けている。JAXAは「赤外線センサの技術情報交換」の題目で二〇一四年度は四八〇〇万円の予算が文科省予算に組み込まれ、二〇一五年度からの五カ年計画として四八億円にまで増額されて防衛省予算に計上されているからだ。JAXAが六件も技術交流を行なっているのは、二匹目のドジョウをねらっているのだろうか。NICTも「サイバーレンジの構築等に関する研究協力」として防衛省予算案に書き込まれている(予算額は不明)。両機関が、現実の自衛隊の装備計画の中に位置づけられているのである(しかし、二〇一六年度の予算からはどちらも計上されていないのはなぜなのだろうか)。

今後、技術交流の「成果」が防衛省予算に組み込まれていく可能性があるのは、ＪＡＭＳＴＥＣの水中無人機ではないだろうか。

二〇一四年四月一六日の衆議院外務委員会で共産党の笠井亮議員が、ＪＡＭＳＴＥＣの「自律型無人潜水艇・水上艇の開発」に関して、技術本部と研究協力協定を結んでいたことを取り上げて問題にした。ＪＡＭＳＴＥＣの設置目的には「平和と福祉の理念追究のため」とあるが、この理念に反するのではないか、またＪＡＭＳＴＥＣの前身である「海洋科学技術センター」の発足時に「軍事目的の研究開発は全く考えていない」という当時(一九七一年)の科学技術庁長官の答弁と矛盾するのではないか、と問い質したのだ。防衛政務官の回答は、「海中の警戒監視が主目的で、攻撃能力は含まれていない」というもので、防衛目的であれば許容されるとの立場に終始した。

議事録を読むと、議員の追及と政府の答弁が完全にすれ違っていることに気づく。議員は「平和」とは「非軍事」のことと考えているのに対し、政府にとっては「防衛目的」であればいかなる軍事力を保持しても「平和」なのである。この問題についてはあらためて論じることにする。

技術協定の内容

技術交流事業で取り交わされる協定の内容を、ＪＡＭＳＴＥＣとの協定書を例にして見ておこう。この協定書は防衛省所定の書式に従ったものである。このことは、次節の「防衛省の軍学共同戦略」にあるように、防衛省が他機関と協力・共同事業を行なうにおいて、自分たちのイニシアティブを確保するための必須の条件となっているようだ。

協定は、まず包括的な「海洋分野における研究協力に関する協定」を技術研究本部長とＪＡＭＳＴＥＣ理事長の間で結ぶ。組織間協定なのである。その上で、個々の技術協力のテーマについて、たとえば「自律型水中無人探査機のシステム化技術の研究協力についての附属書」を担当部署の間で取り交わすという段取りになっている。「附属書」は、それぞれのテーマに応じて「技術連絡会」とその下に「作業部会」を設置することを定めており、それらの会に参加する研究担当者を指定することが主な目的であるようだ。つまり、指定メンバーしか参加できないようにするためと考えられる。

協定書の第一一条（研究成果の発表）に、

両者の共有に係る個別附属書に基づく研究協力の成果を外部に発表しようとする場合には、発表の内容、時期等について、他の当事者の書面による事前の承諾を得るものとする。

との文言が入っている。予算を伴わない単なる技術交流であるにもかかわらず、その内容を勝手に外部に発表することが許されておらず、必ず「書面による事前承諾」が求められているのである。要するに、防衛省の事前の承諾がなければ勝手に公開できないという取り決めなのだ。もっとも、千葉工大との協定書(「ロボット技術に関する共同研究協定」)では、同じ文面に続いて「ただし、甲又は乙は、正当な理由なくその承諾を拒んではならないものとする」と付加されている。おそらく、防衛省から一方的に理由も示さずに発表を拒否されることを心配して、千葉工大側がこのような注釈をつけるよう求めたのだと思われる(二〇一六年度から、他の機関との協定書にも、この文章が追加されるようになったのは千葉工大のクレームが功を奏したのかもしれない)。しかし、果たしてこの苦肉の文章が有効に機能するかどうかはわからない。防衛省は「特定秘密保護法」に守られているからである。

以上のように、「技術交流」という名目で実質的な軍学共同が大学や研究機関で進行しており、その一部は防衛省の装備として予算化されていることがわかる。防衛省にとってはこれらの技術開発予算は小口であっても、大学や研究機関にとっては大口の研究費である。DARPA方式を学んで、さまざまな研究機関が行なっている民生研究を軍事開発につなげていくという技術本部の戦略は「有効に」機能しているといえるだろう。

防衛省の競争的研究資金——安全保障技術研究推進制度

技術交流そのものは組織間の共同研究であって、予算を伴っていない(ようである)。これに対し、いよいよ個々の研究者を軍事研究に参画させるために防衛省が打ち出してきたのが「安全保障技術研究推進制度」と称する競争的資金制度である。二〇一五年度に、一件あたり年間最大三〇〇〇万円程度、総額三億円の予算で開始された。最大三年間継続することが可能、となっている。

この制度の応募資格には、大学や研究機関の研究者とともに、民間企業の研究者も含まれている。「軍セクターによる学セクターの取り込み」のみならず、産業界をも巻き込んでの「軍産学連携」を目論んでいることが読み取れる。

かつて「産学共同反対」でまとまっていた大学であったが、いつの間にか「産学共同」が当たり前になり、「産官学連携」という言葉が定着してしまった。国立大学に国以外のスポンサーからの資金が流入することが当然となったのである。それに慣らされて、いまや大学に軍からの資金流入に対する違和感はなくなっている可能性が高い。文科省は、皮肉にも大学の研究者を軍事研究に追いやる方策を講じているのかもしれない。

この制度に関して、二〇一五年度と二〇一六年度の「公募要領」を比較しながら、防衛省の態度がいかに変化しているかを見ることにしよう。防衛省は、より多くの大学や研究者が応募し易いよう、二〇一五年版から軍事研究の匂いを消すよう表現を改めて二〇一六年版を出している。ひょっとして、私がいくつかの雑誌で行なった二〇一五年版の公募要領への批判を取り入れて修正したのではないだろうか。

民生応用という建前

この公募要領で注目すべきことの第一は、防衛省が極めて「低姿勢」で募集を開始したことである。二〇一五年版「公募要領」冒頭の「制度の趣旨」の部分に、「防衛装備品そのものの研究開発ではなく、将来の装備品に適用できる可能性のある基礎技術を想定しています」とし、それに続いて「研究の結果、良好な成果が得られたものについて、防衛省において引き続き研究を行ない、将来の装備品に繋げていくことを想定しておりますが、それに留まらず、研究成果が広く民生分野で活用されることも期待しています」と書いている。直接の軍事開発ではなく基礎研究であり、その民生への利用を重視しているとの方針を打ち出しているのである。軍事研究には腰が引ける研究者を引き留めるため基礎研究であることを強調し、さらに科学・技術の成果が軍事にも民生にも利用できること(両義性)を当然として、民生利用を優先しているかのような口ぶりである。しかしながら、本文をよく読むとこの低姿勢がポーズでしかないことがわかる。

というのは、別紙3にある「募集に係る研究テーマについて」に書かれている全体的観点は、

①既存の防衛装備の能力を飛躍的に向上させる技術

②新しい概念の防衛装備の創製につながるような革新的な技術

③注目されている先端技術の防衛分野への適用

となっていることである。これでは、まさに「防衛装備品そのものの研究」である。先の「防衛装備品そのものの研究ではなく」という文言と真逆であり、決して「基礎技術を想定」とは読み取れない。明らかに建前と実際が矛盾しているのだ。

この矛盾を指摘されたのだろう、二〇一六年度版ではこの①〜③の条件を完全に削除してお

り、「公募要領」の冒頭に「本制度では、このうち基礎研究フェーズを対象とします。」と書き、

一般的に基礎研究には様々な定義がありますが、本制度では、将来の応用における重要課題を構想し、根源に遡って解決法を探索する革新的な研究である、技術指向型の基礎研究を主な対象としています。ただし基礎研究には、特別な応用、用途を直接に考慮することなく、仮説や理論を形成するため、又は現象や観察可能な事実に関して新しい知識を得るために行われる理論的又は実験的研究としての定義もあります。そこで本制度では、研究提案を募集するにあたり、応用先を直接示すことはせず、将来の応用に関して技術的に関心がある技術領域を研究テーマとして提示するにとどめ、応募者側に具体的な研究内容と研究目標を案出してもらうこととしています。その後の採択審査において、提出された様々な提案の中から優れた提案を選考し、採択された研究者が所属する研究機関に研究を委託します。

と、わざわざ総務省統計局の「基礎研究」の定義を引きながら長々と説明している。応募者が躊躇しがちな防衛装備品の開発という印象を極力弱め、基礎研究であることを強調して応募し

やすくなるよう配慮しているのである。

また「別紙2」の募集する研究テーマ――これを技術的解決方法（研究課題）と呼んでいる――の後ろに、「本制度では、防衛装備庁が提示する研究テーマに対し、基礎研究領域の段階にまで立ち返ってその解決策を検討し、具体的な研究計画として提案いただくことを想定しています。（以下略）」と、ここでも注釈を付け加えて基礎研究であることを強調している。

「防衛装備品」とは、ボールペンから戦闘機まで戦争に関わるあらゆる装備を指すと考えるのが普通だが、「防衛装備移転三原則」での「防衛装備」の定義では「武器及び武器技術」となっている。そのことが念頭にあるから、防衛装備品という表現を薄めようとしているのではないだろうか。

しかしながら、「安全保障技術研究推進制度」の発足にあたって配布された宣伝用パンフレットには、「得られた成果（デュアルユース技術）」の「将来装備に向けた研究開発で活用（防衛省）」において、「我が国の防衛」「災害派遣」「国際平和協力活動」として絵入りで描かれており、防衛装備品の実態がリアルに感じられる。実戦配備もあるとの想定なのだ

成果の公開――原則から可能へ

第二は、同じく冒頭の「制度の趣旨」には、二〇一五年版、二〇一六年版共に「成果の公開を原則としており」とあって、いかにも自由に成果が公開できるかのようである。成果の公開(論文発表)や特許は研究者としての存在証明のようなものだから、これが不自由という印象を与えないために、防衛省は随分寛大な条件を打ち出しているように見える。しかし、実はそうではない。それを露わにしないためか二つの版で明らかに表現が異なっているのである。

二〇一五年版の公募要領の1・5「本制度のポイント」の(2)「研究成果の外部への公開あるいは発表について」の項では、「委託先が希望すれば、得られた成果について外部への公開が可能です」となっており、「原則」から「可能」に明らかにトーンが下がっている。「公開が原則」と「公開が可能」とでは、公開の自由度が大きく異なるのは明らかだろう。「可能」になるためには必ず何らかの条件が付くと考えねばならない。実際に、

研究成果報告書を防衛省に提出する前に成果を公開する場合には、その内容について、公開して差し支えないことをお互いに確認することとしています。

と、防衛省の確認を得なければ事前発表できないとの条件が課せられている。技術交流の場合

のである。

の「書面による事前承諾」ほど厳しくはないが、事前発表は応募者側のフリーハンドではない

ところが、二〇一六年版の「本制度のポイント」では「成果の公開を原則とします」と「原則」のままであり、「研究期間中の成果の公開については、事前に防衛装備庁に届けていただくことにしております」と、ずいぶん手続きを簡単にしている。また、「研究成果の外部への公開手続き」の項では、「外部への公開が可能です」とやはり「可能」にトーンダウンしているが、「研究実施期間中の公開にあたっては、その内容について事前に通知していただく必要があります」となっている。必ず事前に防衛装備庁に「届ける」か「通知」は必要なのだが、「確認」ではないというわけである。これも成果の公開について、内容を点検する「確認」では応募者が減少しかねないので、ソフトな表現に書き換えたのだろう。もっとも、研究者が一方的に「届ける」か「通知」だけすれば公開可能なのか、防衛装備庁の「合意」もしくは「承諾」が必要なのかは、実際の現場に立ち会わないとわからない。いずれにしろ、防衛省の本音は二〇一五年版の「確認」であり、とりあえず応募者を増やすために緩めた「届ける」あるいは「通知」としているのは確かであろう。

むろん、この制度がしっかり定着するまでの期間は、成果の公開・発表・特許取得などにつ

いて、防衛省はトラブルを引き起こさないよう配慮するだろう。しかし、応募者が殺到するようになってスポンサーとして立場が強くなれば、公開について強い態度に変わっていくに違いない。防衛省は何の理由も示さず、「合意」又は「承諾」を留保するだけで直ちに公開できなくなるのだ。秘密にすることがほとんど無意味とわかっていても、秘密にするのが軍の常である。結局、秘密になった経緯そのものまで誰にも知られないまま闇に埋もれてしまうだろう。研究者にとって、これほど空しい研究があるだろうか。いずれにしろ確かなのは、研究発表が完全に自由ではなく、必ず防衛装備庁のお伺いを立てねばならないということである。

募集テーマと応募理由

第三は、ここで公募されている二〇一五年版では二八件のテーマ（表2）、二〇一六年版では二〇件のテーマ（表3）は、直ちに実用化しようとしてはいないことである。それは、「技術的解決方法（研究課題）」という書き方から窺える。といっても、「民生分野で活用される」こともほとんど考えられない。たとえば、「昆虫あるいは小鳥サイズの小型飛行体実現に資する基礎技術」は、生物兵器や化学兵器を仕込んだ超小型ドローン開発を目指した、将来を見据えた軍事技術だろう。さて、これが民生分野でどう使われるのだろうか。

表２　2015年度防衛省技術研究本部が公募した研究テーマ一覧

1	メタマテリアル技術による音響反射の制御
2	メタマテリアル技術による電波・光波の反射低減及び制御
3	広帯域かつ高機能な光学部品
4	赤外線の放射率を低減する素材
5	レーザシステム用光源の高性能化
6	新しい超高速有線伝送路
7	高周波回路の飛躍的な性能向上
8	昆虫あるいは小鳥サイズの小型飛行体実現に資する基礎技術
9	空中衝撃波の可視化
10	船舶や水中移動体の高速化のための飛躍的な流体抵抗低減
11	複合材料接着部の信頼性向上
12	航空機エンジン用発電機の効率を飛躍的に向上させるための基礎技術
13	マッハ５以上の極超音速飛行が可能なエンジン実現に資する基礎技術
14	複雑系の科学を活用したシステム・オブ・システムズにおける新たな概念の創発
15	ビッグデータ活用による安全保障分野の問題解決
16	画像からの対象物体の抽出
17	人間により近い目的指向型の画像環境認識
18	水中・陸上両用の周辺環境認識
19	海中におけるエネルギーの効率的伝送
20	水中移動体との効率的かつ安定的な通信実現に資する基礎技術
21	移動体間の無線通信・ネットワークの飛躍的性能向上
22	複数の無人車両等の運用制御
23	革新的な手法を用いたサイバー攻撃対処
24	合成開口レーダの飛躍的な高性能化
25	微生物及び化学物質の離隔検知識別
26	ナノファイバーによる素材の高機能化
27	野外における自立したエネルギー創製を可能とする基礎技術
28	革新的な方式による水中電界の検出

表3　2016年度防衛装備庁が公募した研究テーマ一覧

1	革新的な反射制御技術を用いた光学センサの高感度化に関する基礎技術
2	レーザシステム用光源の高性能化
3	光波等を用いた化学物質及び生物由来粒子の遠隔検知
4	機能性多孔質物質を活用した新しい吸着材料
5	再生エネルギー小型発電に関する基礎技術
6	赤外線の放射率を低減する素材
7	高出力電池に関する基礎技術
8	革新的な技術を用いた電波特性の制御
9	移動体通信ネットワークの高性能化
10	音響・可視光以外の手法による広指向性の水中通信
11	合成開口レーダの分解能向上
12	画像の持つ特徴量を活用した革新的な対象物体抽出技術
13	革新的な手法を用いたサイバー攻撃自動対処
14	遠隔作業を円滑化するための触覚／力覚提示に関する基礎技術
15	昆虫あるいは小鳥サイズの小型飛行体実現に資する基礎技術
16	水中移動を高速化する流体抵抗低減
17	革新的原理に基づく音波の散乱・透過特性制御技術
18	高温・高圧環境下で用いられる金属の表面処理
19	3D造形による軽量で高耐熱性を持つ材料
20	複合材料を用いた接着構造の非破壊検査

また、二〇一六年度でも「広指向性の水中通信」「水中移動を高速化する流体抵抗低減」として、水中での通信や移動に関するテーマが二件(二〇一五年度では四件も)掲げられており、水中での無人の軍事用ドローンの活用が想定されている。海の情報探査が今後の重要な軍事課題となっていることがわかるが、これも民生用より軍事用しか眼中にないことが明らかだろう。

DARPAは募集テーマを制限せず、もっと自由で思いがけない提案も受け入れていると聞いているが(だからトンデモ科学の類も採用されるのだが)、日本では冒険をせず枠を外させないようである。

この制度の初年度の応募総数は一〇九件、採択は九件であった。応募の内訳は、大学等五八件(採択数四件)、公的研究機関二二件(同三件)、企業等二九件(同二件)であった。

これを見るとまず、予想以上に多くの大学・研究機関が応募している。意外にも軍事研究をタブーとしない研究者が多いということを認識させられることになった。共同通信によるアンケート調査によれば、九四の大学・研究機関のうち一六の国公私立大学が応募したと回答し(たとえば『東京新聞』二〇一五年九月二三日)、八つの機関は回答無しだが、おそらく応募したと考えられるから、応募率は全大学・研究機関の二四/九四＝約二五パーセント程度と見積もっていたのだが、実際は八〇件(八五パーセント)の応募となっており、それよりも明らかに多いのだ。

このアンケートで目を惹いたのは、「兵器・軍事技術の研究はしないが、今回はこれに当たらない」という回答があったことだ。「防衛目的の技術開発」「防衛装備品の開発」であると防衛省がはっきり打ち出しているのだから、軍事技術・軍事目的であることは明らかなのに、「これに当たらない」と強弁しているのである。防衛目的であれば軍事研究ではないのだろうか。いかなる国も「防衛のため」といって戦争をしてきたことを思い出せば、専守防衛であろうと、そのための技術開発は軍事目的であることは論を俟たない。また、アンケートで「軍事・国防に直接つながる研究はしない」や「明らかな戦争目的の科学研究はしない」と回答して応募していない大学もあったが、「直接つながる」とか「明らかな」という形容詞の解釈に曖昧さを残さないか心配である。

採択研究テーマ

表4に、二〇一五年度で採択された研究テーマを示している。公的研究機関で採択されたのは理化学研究所、JAXA、JAMSTECの三研究所で、いずれも技術交流に参加している研究機関である。技術交流が軍学共同の壁を低める役割を果たしている証拠といえるだろう。これらはいずれも国立研究開発法人であり、予算は比較的潤沢で使い勝手がよいとされているのだが、大プロジェクトから外れたテーマではむしろ研究費不足なのかもしれない。企業からの応募が二九件と多いのは、初期開発費を軍事費から賄い、成功すれば軍需品の受注につながるとの思惑があるからではないか。軍に寄生する企業の姿が垣間見えるようである。

国立大学では、従来から研究費を獲得することに熱心で防衛省と技術交流も行なってきた東

表4　二〇一五年度安全保障技術研究推進制度で採択された九件の課題と概要

	研究テーマ	研究課題名	概　要	研　究　者
1	メタマテリアル技術による電波・光波の反射低減及び制御	ダークメタマテリアルを用いた等方的広帯域吸収体	光の波長より細かなサブ波長スケールの人工構造を用いることにより、光を完全に吸収する特殊な表面の実現を目指す	田中拓男（国立研究開発法人理化学研究所）
2	高周波回路の飛躍的な性能向上	ヘテロ構造最適化による高周波デバイスの高出力化	窒化ガリウム系の高周波トランジスタに、デバイス構造の最適化が可能なインジウム系の材料を導入すること等により、飛躍的な性能の向上を目指す	中村哲一（富士通株式会社）
3	複合材料接着部の信頼性向上	構造軽量化を目指した接着部の信頼性および強度向上に関する研究	カーボンナノチューブを用いて繊維と樹脂の間の強度を向上させることで、炭素繊維強化プラスチック及び接着部の強度と信頼性の向上を目指す	永尾陽典（神奈川工科大学）
4	マッハ5以上の極超音速飛行が可能なエンジン実現に資する基礎技術	極超音速複合サイクルエンジンの概念設計と極超音速推進性能の実験的検証	地上静止からマッハ5までの飛行速度範囲で作動できる空気吸入式の極超音速複合サイクルエンジンの概念設計と性能の実験的検証	田口秀之（国立研究開発法人宇宙航空研究開発機構）

5	海中におけるエネルギーの効率的伝送	海中ワイヤレス電力伝送技術開発	磁界共鳴方式により複数コイルにエネルギーを伝播させることで、海中において数メートル離隔した相手に非接触で電力伝送する方式の実現を目指す	小柳芳雄（パナソニック株式会社）
6	水中移動体との効率的かつ安定的な通信実現に資する基礎技術	光電子増倍管を用いた適応型水中光無線通信の研究	将来的な海中ネットワーク構築に向け、水中光無線通信装置の試作を行ない、高速かつ安定な海中での光通信の確立を目指す	澤隆雄（国立開発研究法人海洋研究開発機構）
7	合成開口レーダーの飛躍的な高性能化	無人化搭載ＳＡＲのリピートパスインターフェロメトリＭＴＩに係る研究	合成開口レーダーを搭載した二機の無人飛行機を協調制御することで移動目標検出機能を飛躍的に高める（低速移動体検出能力向上）ことを目指す	島田政信（東京電機大学）
8	ナノファイバーによる素材の高機能化	超高吸着性ポリマーナノファイバー有害ガス吸着シート	化学吸着が可能なポリマーナノファイバーを作製し、有害化学物質の吸着特性の評価を行なう	加藤亮（豊橋技術科学大学）
9	野外における自立したエネルギー創製を可能とする基礎技術	可搬式超小型バイオマスガス化発電システムの開発	多種多様な有機物への適用を念頭にした可搬式超小型バイオマスガス化発電システムの実現を目指す	吉川邦夫（東京工業大学）

工大と、学術会議会長が学長である豊橋技術科学大学からの提案が採択された。私立大学からは、東京電機大と神奈川工大からの二件が採択されている。大学のバランスをよくよく考えての選考であったことが読み取れる。これらの大学とともに、先のアンケートによれば、採択されていないが、産業技術総合研究所、東京農工大、鹿児島大、大阪市大、千葉工大、関西大、愛知工大などは、「防衛目的である」ことを応募した理由としている。

他方、今回の募集に対して、新潟大学と琉球大学は大学の行動規範に「軍事研究を行なわない」ことを書き加えて応募しなかったし、広島大学は大学の基本方針として軍事研究を拒否する態度を鮮明にしている。その他、東北大、電通大、帯広畜産大、信州大、山梨大、滋賀大、九州大、神戸大、関西学院大などは、内部規定や学内審査の議論に基づいて(あるいは規定を議論中だとして)、応募をしなかった。また、従来から軍事研究を行なわないことを表明している大学として東大、京大、秋田大、早稲田、立命館がある。これらの大学が採っている軍学共同に対抗する戦略を学び広めたいものである。

今回は、防衛省からの初めての募集であり、生物・医学関係の研究テーマが含まれていなかった。今後は、様子見をしていた大学や、生物・医学系の研究者からの応募が増加していくと予想される。それを見越しているのか、防衛省は二〇一六年度予算の概算要求では二〇一五年度予算の二倍の六億円を計上している。

研究者がたとえ後ろめたさを振り切って応募しても、採択される確率は非常に小さい。したがって競争的資金としての魅力はほとんどないといえる。研究条件が悪い大学への救いの神のように捉えるのは間違いなのだ。実際、採択されている大学や研究機関の多くが技術協力の「常連」で、実績や人脈が重要視されているのは明白だろう。インサイダー取引と同じである。

この制度で提供されるのはたかだか数千万円の研究費だから、テーマによっては本格的な研究経費にはならない。これで劣悪な研究条件が一気に解消されると過大な期待をしてはならないのである。実際に採択されたテーマを見れば、開発費は巨大になるから、この研究がほんの糸口となるに過ぎないことがわかるだろう。防衛省が欲しいのはアイデアであり、モノになると判断すればここに書かれているように「防衛省において引き続き研究を行なう」のだから、もうそこには研究者はお呼びではない。まさに「呼び水」の役割でしかなく、研究者を使い捨てにするのだ。ただし、研究の秘密を保つことは約束させられ、それが一生付き纏うようになるのは明らかである。

宇宙の軍事化の始まり

日本の宇宙開発は、平和主義から軍事化路線に転換してきた。一九五四年に東大の糸川英夫がペンシルロケット開発から始め、それからロケットは徐々に大型化していった。一九六五年の国会で、射程が一〇〇〇メートルを超えるようになって中距離弾道弾(ミサイル)に転用される恐れがあるとの指摘があり、当時の政府は「ロケット開発は平和目的のためのみ」であると言明している。

一九六九年には、宇宙開発事業団が発足する。その根拠法(宇宙開発事業団法)第一条では、宇宙開発は平和の目的に限ることが謳われ、同時に衆参両議院において「自主・民主・公開・国際協力の原則の下に行なう」との特別決議が採択されている。日本の宇宙開発は憲法の平和主義に則って出発したのである。

ロケットの本格的開発はもともとナチスのV2ロケットで始まった。爆弾で上空から敵を攻撃するための軍事開発が主目的であったのだ。一九五七年にはソ連がロケットによって人工衛星を打ち上げることに世界最初に成功したのだが、その直前には大陸間弾道弾(ICBM)の開発に成功している。そのロケット技術は科学衛星(宇宙や太陽の観測)や実用衛星(気象、通信、地球観測)といった平和目的にも使えるが、スパイ衛星、秘密通信衛星、ミサイル迎撃衛星など軍事目的のために使う方が圧倒的に多い。日本以外の宇宙開発は軍事目的が主、平和利用は従であり、その事情は今も変わっていない。「宇宙開発は平和目的に限る」としてきた日本はやはり稀有な国であったのだ。

しかし、日本でも徐々に宇宙の軍事利用の圧力が強まった。その最初は、一九八五年に政府が打ち出した「一般化理論(原則)」である。これによると、「一般的に使われている機能や能力と同じ衛星であれば、自衛隊が使用することは可能」であり、「平和目的に限る」とした国会決議には抵触しないというのである。要するに、自衛隊がアメリカの偵察(スパイ)衛星のデータを利用するための理屈をこじつけたのだ。衛星の機能や能力によって軍事目的を正当化することなどできるのだろうか。

一九九八年に北朝鮮が「テポドン」を打ち上げたのをきっかけに、日本も二〇〇三年から情報収集衛星(IGS)を打ち上げることになった。アメリカの偵察衛星ばかりに頼るわけにはいかない、自前の情報収集(偵察つまりスパイ)衛星が必要だというわけである。このときも、情報収集衛星の能力は一般に使われている人工衛星と同じという「一般化理論」が使われた。

二〇〇三年、宇宙科学研究所と宇宙開発事業団と航空宇宙技術研究所とが統合して宇宙航空研究開発機構(JAXA)が発足した。情報収集衛星の開発費は内閣情報調査室が予算を調達し、

JAXAにロケット打ち上げを委託するという方式を採用している。宇宙開発事業団法を引き継いだ「JAXA法」には「平和目的に限る」という条項が残っていたので、公然と情報収集衛星打ち上げの運用主体となることを躊躇したのだろう。

二〇〇三年以来、これまで既に一〇機の情報収集衛星を打ち上げており、その予算総額は一・一兆円にも達する。情報収集衛星はスパイ衛星として過酷に使われる(目的地を詳細に見るために高度を変えたり、偵察する方向を頻繁に変えたりする)から寿命が二~三年しかない。また、地球上のあらゆる地点を常時監視するために恒常的に最低四機体制(二機は光学衛星、二機は電波レーダー衛星)を維持しなければならず、次々打ち上げねばならない。膨大な経費を掛け続けることになるのだ。しかし、二〇一一年東北地方太平洋沖地震による大津波を観測しているはずなのに公表していない。秘密主義が横行しているのである(もっとも尖閣列島での中国船の出漁ぶりは、内閣に公表されたそうで、政治的に使われる見本のようである)。

宇宙の軍事化の進展

二〇〇八年、宇宙基本法が制定された。それまで宇宙開発は、学術研究を担う文科省に付随する宇宙開発委員会が他の省庁と協力して推進してきたが、それが廃止されて内閣総理大臣を本部長とする宇宙開発戦略本部が担うことになった。そしてこの法律の第三条に「我が国の安全保障に資する」という文言が堂々と掲げられたのである。宇宙開発の軍事利用を宣言したといってよい。さらに二〇一二年にはJAXA法にあった「平和目的に限る」との条項も抹消され、名実ともに軍事化路線を歩むことになった。

二〇一五年一月に新たに決定された「宇宙基本計画」には、宇宙軍拡を行なうためのさまざまな施策が盛り込まれた。たとえば、アメリカのGPSを補完するための準天頂衛星の一基から七基体制への拡充、Xバンド秘密通信衛星の打ち上げなど、宇宙の軍事化路線が露骨に示されている。先に述べたように、それを担うJAXAは防衛省との「技術協力」にも積極的で、防衛省と二人三脚で歩み始めたといっても過言ではない。

それを後押しするかのように、二〇一六年一月には宇宙基本計画の「工程表」が改訂された。そこで打ち出された変更の一つは、情報収集(偵察)衛星を現在の四機体制から一〇機体制に拡大することである。四機だと地球上の各点を一日一回しか観測できないので、一〇機にして複数回観測しようというわけだ。偵察衛星の寿命を考えると、一〇機体制を維持するためには一年に最低三機を打ち上げ続けねばならない。こうなるとJAXAは科学衛星や国際宇宙ステーション(ISS)を使った科学研究を止め、偵察衛星打ち上げ機関となることは確実である。

さらに「工程表」には、早期警戒衛星に搭載できる赤外線センサの設計が具体的な開発目標に掲げられた。早期警戒衛星は、敵の基地から発射される弾道ミサイルを赤外線で探知するものだ。赤外線センサの開発は、防衛省技術本部とＪＡＸＡの技術交流のテーマとして出発し、防衛省で予算化されているプロジェクトである。軍学共同研究による軍事衛星の開発をＪＡＸＡが請け負う体制になりつつあるといえよう。

海も軍事化

日本はアメリカと軍事同盟を結んでおり、宇宙の軍事化もアメリカの宇宙戦略と深く結びついている。二〇一三年には、実務者同士による「宇宙に関する包括的日米対話」が開始された。これは日米防衛協力の宇宙版である。日本からは防衛省やＪＡＸＡ、アメリカからは国防省やＮＡＳＡ（アメリカ航空宇宙局）などが参加し、日米の宇宙政策に関する情報交換と宇宙空間の安全保障について意見交換を行なうことになっている。

その場でこの数年重要項目と位置付けられているのが、ＳＳＡ（Space Situational Awareness, 宇宙状況把握）とＭＤＡ（Maritime Domain Awareness, 海洋情報把握）である。

米軍は、宇宙空間を飛行しているあらゆる物体を完全に掌握することを目指している。科学衛星、実用衛星、スパイ衛星の情報のみならず、宇宙空間を漂う残骸(スペースデブリ)まですべてを把握しようというわけだ。これに関してJAXAは、取得している宇宙監視情報を米軍に提供する取り決めをしている。それがSSAである。

一方のMDAは、人工衛星を使って上空から海面を常時監視するもので、特に他国の潜水艦の挙動を探ることが目的と思われる。地球観測衛星(日本が打ち上げた「だいち一号」と同二号)は、海面の変化も詳しく観測しており、そのデータを精査すれば海面下から浮上したり、逆に海面下へ潜行する潜水艦の動きがわかるだろう。また、電波レーダー衛星を使えば雲に遮られずに一〇メートルくらいの大きさの物体を見分けることができ、赤外線を使えば夜でも監視することが可能である。これらを情報収集衛星のデータと組み合わせて一元化しようというわけだ。

そのような活動のために推進されようとしている軍学共同のテーマは、水中での情報収集や海のドローンである。実際、防衛省技術研究本部とJAMSTECは、二〇一四年から「自律型水中無人探査機」と「無人航走体及び水中音響」の開発を技術交流のテーマに掲げている。先に述べた安全保障技術研究推進制度の募集テーマとしても、関連する課題が二〇一五年(表2)で四件、二〇一六年(表3)で二件が掲げられている。

このように、宇宙と海洋は、今後いっそう軍学共同の重要な柱となっていくと思われる。さらに、「情報」が軍学共同の第三の柱となることは、多くの技術が情報通信を基盤にして発展しつつあることからも確実であろう。このことは、すでに技術本部とNICTとの技術協力を通じて共同開発が二〇一五年度の防衛省予算に計上されていることからもわかる。

イノベーションのための軍学共同

二〇〇一年、総合科学技術会議(CST：Council for Science and Technology)が内閣府に設置された。CSTは、「日本全体の科学技術を俯瞰し、各省より一段高い立場から、総合的・基本的な科学技術政策の企画・立案及び総合調整を行なう」ことを目的とし、内閣総理大臣が議長を務める。このような目的のためなら、似た名前の日本学術会議(SCJ：Science Council of Japan)がすでにあるのだから、そこに任せればいいはずだ。実際、総合科学技術会議は、諮問する主体も、答申する相手も、いずれも内閣総理大臣という奇妙な組織である。このことからも、政府の自作自演という意図が透けて見える。

二〇一四年、この総合科学技術会議にさらに「イノベーション」がくっついて、総合科学技術・イノベーション会議(CSTI：Council for Science, Technology and Innovation)に衣替えした。今や、科学技術はイノベーションのために役立たねばならないとの認識が露骨に表れている。

文科省から各国立大学に来る文章にも「イノベーション」という言葉が踊るようになっていて、今や大学もこぞってイノベーションに動員される状況になりつつある。

革新的研究求む

CSTIとなって最初に手掛けたのが、二〇一四年度の補正予算五五〇億円を投ずる「革新的研究開発推進プログラム(ImPACT)」である。「産業や社会のあり方に大きな変革をもたらす革新的な科学技術イノベーションの創出」を目指す挑戦的研究を推進するために創設したもので、国家を挙げてのイノベーションのための投資といえる。注目すべきことは、このプログラムの文書に「米国のDARPAのモデルを参考にする」と明確に書かれていることだ。すでに述べたように、DARPAは民間で研究開発された技術を軍事に転用するために資金を投下する機関であるから、このImPACTもまず民生技術の開発を目的として発足させ、その後軍事技術に転用可能なものを選んで軍事用に推進する意味と考えられる。軍学共同の仲立ちや組織化を国が先頭に立って行なおうというわけだ。

CSTIが設定したImPACTのテーマは、①新世紀日本型価値創造、②地球との共生、③人と社会を結ぶスマートコミュニティ、④誰もが健やかで快適な生活を実現、⑤国民一人一人が実感するレジリエンスを実現、であった。いずれもごく近未来に役立つことばかり想定したテーマばかりであり、目的とされている「非連続な変化でパラダイム転換をもたらす科学技術イノベーション」とか、「従来の常識を覆す革新的な科学技術イノベーション」とは縁遠いといわざるをえない。

また文書には、「国民の安全・安心に資する技術と産業技術の相互に転用可能なデュアルユース技術を視野に入れたテーマ設定も可能」と書かれている。これは、デュアルユース(両義性)という言葉の新しい使い方である。「国民の安全・安心に資する技術」と「産業技術」とを、わざわざデュアルユースとして区別しているのだから。後者が通常の民生技術とするなら、前者は軍事技術ということになる。安全保障のためとか、自衛のためというと軍学共同に二の足を踏む研究者のことを考えて、「安全・安心(な社会)のため」という言い方に変えているのだ。「安全・安心に資する技術」とは、今や「軍事技術」のことにほかならないのである。

ＩｍＰＡＣＴは、テーマを設定してプログラムを公募し、採用された研究者はプログラム・マネージャー(ＰＭ)として研究グループを組織する。これまでに採択された一六のプログラムには、タフポリマー、パワーレーザー、タフロボティックス、ロボットスーツ、小型合成開口レーダー衛星システム、脳情報の可視化と制御、量子人工脳の量子ネットワーク、バイオニックヒューマノイドなど、軍事技術に転用できそうなものが多い。いかにも露骨な意図が透けて見えるのだ。

実は、かつて総合科学技術会議が推進した同じような国家プロジェクトがあった。二〇一〇年から五カ年計画で開始された「最先端研究開発支援プログラム（ＦＩＲＳＴ）」である。このプログラムは、「研究者を最優先とした従来にない全く新しい制度」として、予算の執行に自由度を持たせ、サポートチームを編成して研究者の負担を減らし、事後評価の徹底により「評価疲れ」を軽減する、と謳われていた。

しかし、実際の運用では、五年間二七〇〇億円の予算は一五〇〇億円に削られ、三～五年間で世界をリードし、トップを目指す研究課題、というふうに条件が変えられていった。そもそも三～五年で世界のトップに立てる研究などありえないのに。このように成果主義・実用主義的な注文が付くなど、いかにも近視眼的な目標設定であった。

とはいえ、選ばれた研究課題には、複雑系数理モデル学の基礎理論、免疫ダイナミズムの統合的理解、心を生み出す神経基盤の遺伝学的解析、有機系太陽電池の開発、強相関量子科学、ホログラフィー電子顕微鏡の開発、宇宙の起源と未来を解き明かす、ｉＰＳ細胞再生医療応用プロジェクトなど、非常に基礎的な分野も含まれていた。その意味では、まだ学問や研究に関する健全性は保たれていたといえる。

このようなＦＩＲＳＴからＩｍＰＡＣＴへの変遷は、その研究テーマを見比べてみるとわかるように、科学技術政策が経済論理に侵食されるとともに、明確に軍学共同へとシフトしていることを物語っている。

軍産学複合体への道

アメリカのアイゼンハワー大統領が一九六〇年に退任する際に、軍産複合体の存在を嘆いたことはよく知られている。軍人出身の大統領であったからこそ、軍と産業界が結託して軍事予算を左右し、それによって国政を動かすほどの力を振るうような状況となっている内情を知っており、批判できたのだろう。しかしながら、この批判は功を奏することなく、今やアメリカの国防予算は六〇兆円（歳出予算の約二〇パーセント）に拡大し、軍産複合体は「軍産学複合体」と呼ばれるようになった。「学」が（ＩＴや人工知能を使った）新技術を「軍」に売り込み、「軍」はそれに資金を提供し、「産」が製品化して軍に売り込み、あるいは輸出し、またあわよくば民生品に転用してさらに大儲けする。こうして軍産学の連携が強まり、互いの利益を擁護し合っている、というわけだ。この軍産学複合体に重要な位置を占める大学や研究機関は、今や

「知の企業集団」であって、もはや「知の共同体」ではなくなってしまった。

一方日本は、五兆円（一般会計の約五パーセント）の軍事予算の内訳は大ざっぱに、人件費が四四パーセント、武器の調達（アメリカから買わされているものも含め）・維持費等が四〇パーセント、基地対策・米軍への思いやり予算・研究開発経費が一六パーセントとされている。軍産複合体としては、まだアメリカのような状況ではない。といっても、武器調達費の一兆円以上が三菱重工や三菱電機や川崎重工など軍需産業に発注されており、戦前に肥大した「軍需廠」に近づいているのは確かである。今後、軍学共同が軍産学連携へと拡大していく可能性が高い。正確にいえば「軍産官学連携」である。日本では「官」が軍と産と学を結び付ける接着剤となるからだ。

文科省と経産省の対応

現時点においては、軍学共同について経済産業省（経産省）と文部科学省（文科省）のスタンスは異なっているように見える。経産省は、経済力の強化が第一目標で、日本の軍事化が進もうが頓着せず、原発や武器の輸出を奨励し、宇宙産業が自立するよう塩梅し、軍学共同にも熱心である。ロイター社の通信員は、いずれ経産省が日本のＤＡＲＰＡになると観測しているのは興味深い(二〇一五年三月四日ウェブ版)。経済を口実にした軍事化路線が主流になり、なかでも経産省という「官」が軍産学官連携の要となっていく可能性があると予測しているからだ。

これに対し文科省は、軍学共同、そして軍産学連携について、「痛し、痒し」なのではないかと思っている。確かに文科省は、財務省から高等教育費(運営費交付金)削減の圧力を受けていて、最終的には国立大学の数を減らさない限り、大幅な学費値上げをしなければならない状況へと追い込まれている。だから、軍から競争的資金が出ることは、研究者の研究費不足を少しは和らげることができるので歓迎はする。しかし、それが、大きな金額となっていくと困った問題が生じるようになる。大学に文科省がコントロールできない(一種の治外法権になる)予算項目ができ、それによる施設や設備が増えてくると、文科省として干渉したり口出しできなくなるからだ。

これまで文科省は国立大学と一蓮托生とばかり細かな面倒を見てきており、そのために国立大学側も厭々ながらも文科省の指導に従ってきた。ところが、防衛省の金が国立大学に流入するようになると、その関係にひびが入りかねないのだ。ある特定の学部や教室がそういう事態になると特に困る。そこには学長のリーダーシップも通用しなくなり、軍の要請を優先する独立部局になりかねない可能性があるからだ。

産学共同の場合、産業界からの寄付や共同研究はそれぞれ相手先が異なっており、大学側（文科省側）が個々の企業との個別分散対応でイニシアティブを取ることができるのに対し、軍学共同では相手が防衛省一本だから分散対応というわけにはいかず、組織的に対応しなければならない。下手すると大学の自治と矛盾することが起こりかねないのだ。また、経産省が軍学共同の要となって軍産官学連携を牽引するような事態も何としても避けなければならない。大学側が文科省より経産省の意向を優先するようなことになっては困るからだ。しかし、国立大学への運営交付金の削減によって防衛省や経産省の補助金になびく大学も出てくるかもしれない。文科省の「痛し、痒し」の矛盾は深いのではないだろうか。

3　防衛省の軍学共同戦略

二〇一四年六月、防衛省は防衛生産・技術基盤戦略を発表した。これは「防衛力と積極的平和主義を支える基盤の強化に向けて」という副題を持つ。積極的平和主義とは、前年一二月の国家安全保障会議と閣議で決定し、「国家安全保障戦略」として打ち出したキャッチフレーズである。一九七〇年には防衛庁長官が主要防衛装備の自主的な開発および国産化の推進（国産化方針)を決定していたのだが、今回はそれ以来の戦略の大幅な変更となっている。

防衛生産・技術基盤戦略

この戦略において打ち出された、軍学共同に関連する「研究開発に係る施策」を見てみよう。この施策には六つの項目が掲げられている。それらを簡単に紹介すると、以下のようになる。

①研究開発ビジョンの策定

将来を見据えた防衛装備品(将来戦闘機、無人装備、将来誘導弾等)のコンセプト(スマート化、ネットワーク化、無人化)とそれに向けた研究開発のロードマップを提示する。

②民生先進技術も含めた技術調査能力の向上

デュアルユース技術活用の促進や企業等における先進的な防衛装備品を目指した研究(芽出し研究)育成のため、民生先進技術の調査を積極的に行なって技術戦略を策定する。

③大学や研究機関との連携強化

研究機関や大学等との連携を深め、防衛装備品にも応用可能な民生技術(デュアルユース技術)の積極的な活用に努める。

④デュアルユース技術を含む研究開発プログラムとの連携・活用
　ＩｍＰＡＣＴなど他府省が推進する国内最新技術育成プログラムを注視し、デュアルユース技術として利用できる研究開発の成果を活用する。
⑤防衛用途として将来有望な先進的な研究に関するファンディング
　防衛装備品への適用において、大学、研究機関、企業等における将来有望である芽出し研究を育成するため、防衛省独自のファンディング制度について検討する。
⑥海外との連携強化
　情報交換や共同研究を積極的に推進する。

いずれも情報技術の開発をいかに促進するかという目標が掲げられている。
　特に②〜④は、デュアルユース技術に関わった戦略である。②では、まさにＤＡＲＰＡの活動を見習って民生技術の調査を行なうことが強調されている。③では大学や研究開発法人の研究機関との連携を深めることを推奨し、④のＩｍＰＡＣＴは、すでに述べたようにＤＡＲＰＡを参考にしたプログラムである。
　⑤のファンディング制度は、防衛省から二〇一四年夏に財務省に概算要求されて、二〇一五

年度から「安全保障技術研究推進制度」として既に発足した。

⑥は、二〇一四年四月に「武器輸出三原則」から「防衛装備移転三原則」の閣議決定へと大転換し、武器輸出が事実上解禁になったことが背景にある。日本は優れた民生技術を持っているが防衛装備品として十分に活かされておらず、輸出がほとんどないという状況である。そこで、民生技術を防衛装備品に応用・開発することに力を入れ、それを輸出することによって防衛産業を振興し、同時に国家としての安全保障のための力も強化する、という筋書きであるようだ。不成功に終わったが、オーストラリアの潜水艦建造を日豪の共同で進めようという提案も、互いに軍事技術力を高めることと武器輸出の先端を担うことが目標となっていたのだろう。

以上のように、防衛省の研究開発戦略は具体的にデュアルユース技術に的を絞って、かなり短い時間のうちに実現可能な方策を打ち出しており、大学や研究機関が軍事研究に巻き込まれていく危険性が高くなっている。

学といかに連携するか

防衛省経理装備局は、二〇一〇年一二月からシリーズで防衛生産・技術基盤研究会を催した。

そこでは防衛装備品の生産・技術開発の現状や国際協力・共同生産などについて情報交換が行

なわれた。

その第九回(二〇一一年一一月)において、「外部研究機関との連携マネージメント」として、外部の研究者と接する際に心がけるべき要点を資料としてまとめている。実にきめ細かく考えられた大学や研究者など学に対する実践的攻略法が書かれており、おもしろい内容が含まれているのでここに簡単に紹介しておこう(以下、意味をわかりやすくするため字句を補ったところがある)。

外部機関の研究者(「先生」と呼ぶ)との「連携マネージメントのフェイズ」として、1共同研究協定の締結まで、2試作実施時・共同研究実施時、3所内試験実施時、4実施中、実施後のフォロー、の四段階がある。一番重要なのは、「先生」を引き込めるかどうかのフェイズ1で、2以下は注意をする程度でしかない。

フェイズ1では、次の四つの注意が与えられる。

まず、「先生のモチベーションの見分け」で、研究者がどこに主要な関心を持っているかを把握するのが出発点である。具体的には、

・研究成果の「社会貢献」への意欲が高いのか

・「国の安心・安全」「ナショナルセキュリティ」への関心があるのか

・論文投稿・学会活動に対する価値観を優先しているのか
・「資金の供給源」的意識の濃淡はどの程度か

をチェックポイントに挙げている。それぞれの関心に応じて異なったアプローチをしなければならないというわけだ。四方山話でもしながら、「先生」が何を一番気にしているかを把握し、それには問題はないと安心させることが第一歩である。

続いて、「先生とのギブアンドテイク」として、まず、次の二点に防衛省側は配慮(ギブ)していることを強調する。

・研究成果は可能な限り、共同または単独での「論文投稿」「学会発表」を実施すること
・スピンオフ(成果の民生転用)努力の約束をすること

研究者が一般に強く望むことは研究の成果が自由に発表・公開できること、そして自分の研究が民生転用できて人々の生活にプラスになることで、それを防衛省は保証するというのである。

その上で、防衛省として譲れない点(テイク)の説明に入る。まず、「制約事項」として、

・予算の融通性は全くないこと
・資金は「役務契約」による「対価」としての支払いであること
・支払いは成果物納入後に一括(前金なし)とすること

とかなり厳しい条件を予め説明するよう求めている。要するに、予算は厳重に管理し、勝手な使い方をさせないと釘を刺しているのだ。おそらく、研究者が防衛省の仕事をするといって予算配分を受けても、実際にはそれとは関係がない研究に金を使って形式的な報告しかしないという可能性を排除するためだろう。先の戦争中に多くあった事例を防衛省はよく知っていると考えられる。

もう一つの説明事項は、大学管理・連携部門に対してである。まず

・大学所定の「共同研究実施規定」の適用免除を申し出ること

を第一に掲げている。大学が決めた共同研究実施規定では、通常、研究成果の公開の自由が真っ先に謳われるし、また大学の自治に抵触しないことを誓わねばならない。そのような規定に縛られないため、その代わりとして

・技本(防衛省技術本部)の過去の実績例に倣った協定締結の合意を得る

としている。つまり、防衛省が用意した「協定書」しか認めないのだ。実際、国内技術交流で交わされている技術本部(二〇一六年からは防衛装備庁の研究所)と大学・研究機関との協定書は、先にＪＡＭＳＴＥＣとの協定書で見たように全て防衛省が作成した文章である。そこでは「施設・研究用機械器具の相互利用」「知的財産」「予算」に対する記述内容の合意が、既になされ

ているという前提となっている。

以上のマネージメントの要点を見ると、最初は「先生」個人に対して極めて低姿勢であり、やがて予算については不正やごまかしは許さない断固たる態度を示し、最後に組織間の協定として極めて厳格に対応しようとしていることが明らかである。トラブルが生じても負けないよう十分配慮したマネージメントというべきだろう。

共同研究の進め方

さらに、外部の「先生」との協定が締結され、共同研究が実施される段階における注意点として、以下のような事項が挙げられている。

共同研究には企業との結びつきもあると想定しているためだろう、「プライム企業と先生の間の「潤滑油」に！」と、企業と研究者の間の仲介役を買って出るよう促している。せっかく企業と研究者が一緒になって軍事の技術開発を行なうようになっても、その関係がぎくしゃくしていては共同研究も成功しない。企業と「先生」の両者の興味や立場を理解して対応するよう助言しているのだ。

「企業の研究思考」は、

・今ある技術の活用を望み
・相手は「ベンダー」であり
・相手の「瑕疵」の求償をする
のが常であるのに対し「先生の研究思考」は、
・これから手掛ける新技術に最大の興味があり
・相手に「技術指導」をしたがり
・研究に「瑕疵」はなし
とするのが通例であるという。実に双方の特徴をよくつかんでいることがわかる。

連携マネージメントの最後の注意事項として、要望事項に対する進展状況や努力について、「問われる前に」説明せよと述べている。提起された要望事項を無視することなく誠実に対応するよう努力していることを率先して説明すべき、と説いているのだ。また、スピンオフの要望実現に向けて目標を掲げて努力していることを具体的に説明するのが重要であるとし、例として航空機技術の民生転用を挙げている。防衛省として民生利用を積極的に図っていることを示すようアドバイスしているのである。

「先生」が気を悪くしないよう配慮しつつ、しかし重要な点は押さえて妥協しないよう、そして「先生」が好みそうなことには水を向けていかにも要求を目いっぱい満たしているかのように見せるという、よく練られた連携のための心得といえる。これだけ組織的な準備をして取り掛かっているのだから、「先生」を説得して軍学共同に引っ張り込むのは赤子の手をひねるようなものかもしれない。

4 科学技術基本計画

本章の最後に、日本の科学技術基本計画について述べておきたい。科学技術基本計画は、一年間にGDPの一パーセント、一期五年間で二十数兆円もの科学技術振興経費を扱い、日本の科学技術政策に大きな影響を与える。二〇一六年一月に閣議決定された第五期の同計画には、「国家安全保障上の諸課題への対応」が書き込まれた。今後科学の軍事化がいっそう加速されると予想される。

たまたま同じ二〇一六年は、国立大学法人の第三期中期目標・中期計画の策定期に当たっている。二つの「計画」が歩調を合わせて出発することになるのだが、これらはまったく無関係に進められるのだろうか、それとも時間が経つうちに互いに影響を与えるようになるのだろうか。少なくとも、国の科学技術政策の大本を決める科学技術基本計画の中身が、国立大学の中期計画に浸透していくのではないかと思っている。実は、これまでもそうであったのである。

「選択と集中」の弊害

一九九五年に科学技術基本法ができ、一期五年ずつに区切って科学技術基本計画を立てることになった。この計画は、総合科学技術会議(現在は総合科学技術・イノベーション会議)が提起し、閣議決定で承認されることになっている。

これまでの科学技術基本計画を振り返りながら、科学技術政策が大学政策にどう影響したかの流れを追ってみよう。

第一期(一九九六〜二〇〇〇年)では、科学技術政策大綱(一九九二年閣議決定)に準拠して、「人類の共存のための科学技術」と「生活・社会の充実のための科学技術」というふうに、ごく一般的な目標を掲げ、「物質・材料系」「情報・電子系」「ライフサイエンス」「ソフト系」「先端基礎」「宇宙系」「海洋」「地球」と、科学技術の全分野を網羅的に押さえていた。また、産学官の人的交流を強め、競争的研究資金の拡充を図ることが新たな科学技術政策として提起された。これによって大学の産学官連携が急速に拡大され、競争的資金へのシフトが始まることになった。

第二期(二〇〇一〜〇五年)と第三期(二〇〇六〜一〇年)になって、科学技術政策が大きく変化した。まず、「国際的社会的課題に対応した研究開発の重点化」として、重点分野(ナノテクノロジー・材料、情報通信分野、ライフサイエンス、環境の四分野)を指定し、「選択と集中」政策によって科学技術振興経費を重点分野に集中投資する政策を打ち出したのだ。しかし、この四分野だけではあまりに近視眼的であると指摘されたので、「国の存立にとって基盤的であり、不可欠な領域を重視して推進」として、エネルギー、製造技術、社会基盤、フロンティアを「推進四分野」として挙げることになった。重点分野・推進分野とも財界が規制緩和と国家投資を求めている産業分野ばかりで、まさに産業界の意向を国家が丸飲みする経済政策でもあった。

その方法として、科学技術へのファンディングシステムの改革を打ち出し、競争的研究資金の「倍増」と産学官連携の「強化」というふうに、露骨で強引な進め方であった。実際、基盤的経費については「競争的な研究環境の創出に寄与すべきとの観点から、その在り方を検討する」として抑制し、大学・研究機関の独立行政法人化を通じて競争原理を押しつけたのである。大学では役に立つ分野・企業から資金が引き出せる分野が優先され、さしずめ大学は専門学校の観を呈するようになった。二〇〇四年の国立大学の法人化を中に挟んで、大学は大きく変貌したのである。

その結果として、この第二期と第三期を合わせた一〇年の間に、研究現場はすっかり活力を失うことになった。具体例として、論文のシェアや引用度の高い論文数の統計ランキング（学術の基礎力の指標となっている）が顕著に低下したことを挙げておこう。国別トップ一〇の引用論文数が、一九九二年にはアメリカ、イギリスに次いで第三位であったのに、二〇〇二年にはドイツに抜かれ、二〇〇六年には中国に、二〇〇七年にはフランスに抜かれて、今や第六位に低迷している状態なのである（中国の躍進ぶりが目覚ましく、二〇一〇年以来アメリカに次いで第二位を占めるようになっている）。明らかに日本の科学技術政策に問題があるといわざるをえないのだ。

イノベーションのための科学技術？

さらに東日本大震災からの復興という新たな課題を背負って、第四期（二〇一一～一五年）が始まった。「課題達成型」という呼び方に転換したが、これまで重点領域に投資してきたのだがそれだけではダメであることが見えてきたので、実際にどのように達成されたかを点検し、これまで採用してきた方策を検討し直す必要を感じたのだろう。また、重点分野を、震災からの復興・再生の実現、グリーンイノベーションの推進、ライフイノベーションの推進という三本の柱に絞り込むことになった。明らかに既存の分野の応援だけでは限界があることに気づいたのだろう。そこで決まり文句のように使われるようになった言葉が「イノベーション」である。今やイノベーションのための科学技術とさえいえる。

また、研究の国際競争力が落ちた原因として、研究経費が競争的資金に一元化されてしまい、基盤的経費がなくなってしまったことが誰からも指摘されている。そこで、その行き過ぎを少し改め、「大学運営に必要な基盤的経費を充実する」とした。このように研究費の配分の仕方に問題があったことは認めたのだが、現実に進んでいる政策(財務省による運営費交付金の効率化係数による削減)を変えさせようとはせず、そのまま基盤的経費の削減が継続しているのが実情である。その結果として、研究現場の病弊はいっそう進行したことは否定できない。

つまり、第四期においてこれまでの政策に問題があったことは気づきつつも、大胆に変更する勇気を持たないままずるずるとこれまでのやり方を踏襲してきたのである。そこで第五期(二〇一六~二〇年)においては、新規まき直しとして「未来の産業創造・社会変革に向けた取組み」「基盤的な力の育成・強化」「直面する経済社会的な課題への対応」の三点をキャッチフレーズとして掲げている。注目されることは、第四期まで重点領域の選択と課題達成に集中していたために基礎研究の軽視につながったと反省し、「イノベーションシステムの構築として、人材の育成・流動化を図り、大学・研究開発法人改革と研究資金の改革を連動させ一体的に行なう」と提案している点である。国立大学の第三期中期目標・中期計画の策定を意識したような書きぶりで、「基盤的な力の育成・強化」を打ち出しているように、基礎研究力が弱体化していることを認めざるをえなくなったのだと推察できる。

しかし、その根源がこれまでの科学技術政策の欠陥(選択と集中、競争的資金の強化、基盤的経費の削減)にあり、ひいては科学技術基本計画を提案してきた総合科学技術会議自身の方針にあることを認識していないのは明らかである。それらを改める施策には何も言及されていないからだ。

心配なのは、国立大学の「改革」と強引に連動させて、二つの計画が一体的に推進されることで、日本の科学技術をますます弱体化させてしまうのではないだろうか。

軍学共同に関することとしては、科学技術基本計画の重要政策課題として「国家安全保障上の諸課題への対応」が掲げられている(第3章「経済・社会的課題への対応」の(2)「国及び国民の安全・安心の確保と豊かで質の高い生活の実現」)。

我が国の安全保障を巡る環境が一層厳しさを増している中で、国及び国民の安全・安心を確保するためには、我が国の様々な高い技術力の活用が重要である。国家安全保障戦略（平成二五年一二月閣議決定）を踏まえ、国家安全保障上の諸課題に対し、関係府省・産学官連携の下、適切な国際的連携体制の構築も含め必要な技術の研究開発を推進する。その際、海洋、宇宙空間、サイバー空間に関するリスクへの対応、国際テロ・災害対策等技術が貢献し得る分野を含む、我が国の安全保障の確保に資する技術の研究開発を行なう。

なお、これらの研究開発の推進とともに、安全保障の視点から、関係府省連携の下、技術開発関連情報等、科学技術に関する動向の把握に努めていくことが重要である。

この文章は、「安全保障に資する」技術の研究開発という名目で、大学や研究機関の軍事化を進める意図で挿入されたのではないかと思われる。つまり、いよいよ大学・研究機関をターゲットとして軍学共同を本格化させるための科学技術政策が発動されることになると予想されるのだ。まさに、先の「大学・研究機関法人改革と研究資金改革」の文言がこれに合致するためである。次章で述べる「研究者版経済的徴兵制」が広がろうとしている現在、大学ぐるみ軍学共同に走るよう唆していると読むことができるのではないだろうか。

第3章　デュアルユース問題を考える

これまで本書には、「デュアルユース」という言葉が何度も出てきた。同じような意味で、「両義性」「二面性」という言葉も使われる。科学がデュアルユースであるとは、もともと科学研究の成果が民生(平和)利用にも軍事利用にも使われることを意味した。一本のナイフが、リンゴの皮を剝くのにも、人を殺すのにも使われるように、いかなる科学・技術の成果物も、使い方次第で生活の助け(平和のため)にも殺人(戦争のため)にも使うことができる。科学そのものは中立だが、技術となると善にも悪にも用いられるという考えだ。それと同様、戦争のための研究ではなかった研究成果が、戦争に使われて人を殺す手伝いをすることもある。

科学はデュアルユースだから、悪用されてもそれを作りだした科学者には罪はなく、そのように悪用した人間のみに罪があると考えられてきた。科学者もそれに便乗して、作った自分に責任はなく、使った人間が悪いということで済ませてきた。しかし、それでいいのだろうか。

本章では、デュアルユース問題について考えてみたい。

1　デュアルユースとは

デュアルユース問題の考え方

戦争を目的として開発された軍事技術であっても、民生に転用されて大成功した製品は数多くある。いわゆる「スピンオフ」で、ロケット、コンピューター、インターネット、カーナビ、電子レンジ、ナイロン、血液製剤などが思い浮かぶし、思いがけないものとして瓶詰、ボールペン、スプレーなどがある(このために「戦争は発明の母」といわれるが、それへの反論は第4章で考えたい)。

その逆に、民生開発されてから軍事技術に転用されたものを「スピンオン」といい、これも数多い。古くは飛行機や戦車がスピンオンであり、最近ではロボット兵器やレーザー兵器がこれに当たるだろう。軍と産業が緊密に結びつくようになった現在においては、スピンオフやスピンオンが簡単にできるということが科学や技術のデュアルユースの実態を反映している。

積極的に軍事研究を行なおうと考える研究者を除いて、一般の研究者は民生のための基礎研究を行なっているという意識が強い。しかし、手を加えれば軍事利用できる研究は数多くあり、そこに境界線を入れることは事実上不可能である。そのため、「軍事利用の危険性がある」というだけで研究を禁止することができないのは確かである。

よくよく考えると、物理学の法則のほとんどは、技術を通して軍事研究に応用されている（爆弾の軌道はニュートンの法則にしたがい、潜水艦の挙動はアルキメデスの浮力の原理が決めている）。通常これらをデュアルユースとはいわないが、考えようによっては物理学の基礎的法則であっても軍事利用に使われており、軍事技術と大いに関係がある。とすると、いかなる科学もデュアルユースの議論の対象になるはず、ということになってしまう。その意味では、デュアルユースの議論はある限られた科学のテーマの問題ではなく、広く科学一般の応用の問題として論じるべきかもしれない。

そうすると、デュアルユースだと疑われる分野やテーマであっても、物理学の基礎的・原理的研究と同様、大学から支給される研究経費や学術機関（日本学術振興会のような）からの資金によって研究するのなら、「自分は人々の福利のための研究を行なっており、成果の軍事利用に反対する」と明言して堂々と研究を行なえばよい（現に行なっている）。何もあえてデュアルユースと言い立てることはないのである。

問題となるのは軍から研究資金を供与される場合で、私はそのような研究は、いかに基礎研究に見えようと、将来必ず軍学共同につながるので行なうべきではないと考えている。軍が興味を持つという意味ですでに軍事利用に一歩踏み出しているのだから、もはやデュアルユースではないことは明らかである。だから、研究テーマがデュアルユースであるかどうかを直接問うのではなく、ファンディング機関からの資金で行なう研究が民生研究、軍からの資金で行なう研究が軍事研究、という研究資金のソースの問題だとすれば簡単に割り切れる。

軍から研究資金が出ている場合、いくら基礎研究であるといっても信用されないことは明らかだろう。戦争を前提としない研究に軍は金を出さないからだ。ところが、科学者の常として、研究ができることに心を奪われてしまい、わざわざ基礎研究であると言い立て、「軍事利用することを、敢えて念頭から外して」軍との共同研究を行なってしまうことが多い。

そして、それが戦争に使われて大きな犠牲を生み出すことになっても、開発したのは自分たちだが、戦争に使ったのは軍人（政治家）であり、その使用責任は自分たち開発者にはないと主張するのだ。あるいは、自分が軍事研究をしなくても必ず誰かがするのだから、結局誰がやるかは問題ではない。たまたま巡りあわせで自分がやることになったにすぎないのだから罪はない、と言いくるめて逃れようとする。いずれも、自分は開発や使用についての責任を負う必要はないというわけである。

デュアルユース問題の根幹の一つは、このように科学者・技術者が結果責任を回避する口実として使うことにある。

だから、そもそも軍民両用に使えるという意味でのデュアルユースは、科学すべてに共通する問題だからその境界などは存在せず、資金の出所の問題にすぎないと割り切ればよいのである。実際、デュアルなのは資金の出所であり、それが使い方も決めているのだから。

祖国防衛のために

デュアルユースに絡んで、もう一つ考えておきたい問題がある。軍事研究に足を踏み入れる科学者のもう一つの言い訳は、自分たちが行なっている研究開発は防衛目的であって攻撃目的ではない、自衛のための武力は許されると主張することだ。軍事利用の側面は認めざるをえないが、もっぱら防御用装備の開発だからとか、あるいは誤爆を少なくする装置の開発だから、平和目的であるというわけだ。デュアルユースの変型版というべきだろうか。

しかし、いかなる戦争も「祖国の防衛のため、平和のため」として行なわれるのが常であり、いざ戦争となれば防衛と攻撃の区別がなくなってしまうのは明らかである。軍隊のための装備である限り、防御用であれ攻撃用とセットとして考えられていることを忘れてはならない。防御と攻撃は表裏一体なのである。

これらの議論への反論を述べる前に、具体例として東京大学の研究ガイドラインをめぐって起こった議論を取り上げる。次いで、バイオテロの危険性に触発された日本学術会議での議論について述べたい。最後に、日本の科学者の生の声を聴きながら、かれらがどのような意識をもって研究しているかを見ることにしよう。

2　ゆらぐ大学の研究ガイドライン

第2章で紹介したように、軍事研究を行なわないとしてきた歴代東大総長の発言の中でも、デュアルユース(両義性)が言及されていた。それに絡んで、東大の一研究科で軍事研究を行なわないとしてきた原則が、問題のある軍事研究の解釈とそこで展開されたデュアルユース論によって変質している状況をまとめておこう。

不思議な新聞報道

東京大学大学院情報理工学系研究科では、学生に向けて「科学研究ガイドライン」を配付している。このガイドラインには、科学研究における倫理、科学研究における不正行為、データの剽窃・捏造・改竄の戒め、人間を使った研究で守るべき事柄、参考文献の書き方やネットワークの利用など、きめ細かく注意事項が書かれている。これは科学者として成長していくため大学院生が身に付けておくべき作法と倫理の教育を兼ね備えたもので、要領よくまとめられており、共感が持てる。

ところが、このガイドラインが二〇一四年一二月に突然改訂された。そして、そのことを一カ月も経ってから産経新聞が、「東大、軍事研究を解禁」というセンセーショナルな見出しで報道したのである(二〇一五年一月一六日の朝刊)。この見出しだけ見れば、東大はこれまで「軍事研究は行わない」という評議会における総長発言を守ってきたはずなのに、あたかも東大全体がこれまでのタブーを破って軍事研究を大っぴらに解禁することを宣言したかのように読めてしまう。

この報道の仕方を勘ぐれば、産経新聞社が東大の軍事研究を行なわないという宣言を「不当」とみており、世論が同調して東大を批判するよう、あえて誤解を生む表現で報道したのだと思わざるをえない。それはともかく、軍学共同が本格化しようという今の時期だから、さてどうなっているのかと疑問を抱いたのは私だけではなかったのではないか。

ガイドラインの改訂

この研究科の以前のガイドラインでは、最初に「不適切な研究」として、人間や社会に害をなす研究、許可されていない人間・動物対象の研究、法令違反の研究、利益相反の研究の四つを掲げている。そして、そのすぐ後に「さらに東京大学では軍事研究も禁止されています」と明示している。軍事研究も「不適切な研究」とみなしていたのである。続いて、

　東京大学では、第二次世界大戦およびそれ以前の不幸な歴史に鑑み、一切の例外なく、軍事研究を禁止しています。

　自ら軍事研究を行なわずとも、共同研究の過程で、意図せずに軍事研究に関わってしまうおそれがありますので、注意してください。

と書いていた。戦前・戦中の反省も踏まえ、非常に明快で曖昧さがなく、すっきりした記述であった。

しかし、あえて情報理工学系研究科がガイドラインの改訂を行なったのには、理由があった。先に述べたＤＡＲＰＡ主催のロボットコンテスト（58ページ）が発端である。これに参加すれば、

研究科として軍事研究の意図がなくとも、ＤＡＲＰＡが関与する共同研究を通じて軍事研究に関わってしまう危険性がある、と判断したのだろう。研究科として参加しないことにしたのだ。つまり、ガイドラインがその役目をきちんと果たしたことになる。

しかし、このようなコンテストに参加することは(直接軍事研究をするわけではないから)何も問題はないのではないか、ガイドラインが自由な研究の強い足かせになっている、と感じた研究者が多かったのだろう。議論の末、この種のコンテストに参加できるよう改訂することにしたのだと思われる。その意味では、大っぴらに軍事研究を解禁しようとしたわけではなく、少し風穴を開けて自由度を大きくしておこうとの意図であると推察できる。しかし、「蟻の穴から堤も崩れる」という言葉があるように、小さな例外措置であっても少しずつ拡大して、最後に取り返しがつかぬ大事に至ることもあるので十分用心しなければならない。

改訂版では、冒頭の軍事研究への言及をすべて抹消し、後ろの方に「学問研究の両義性」の項目を立て、以下のように軍事研究に関わる事項をまとめたのである。

　学問研究の両義性

　本学歴代総長の評議会などでの発言に従い、本研究科でも、成果が非公開となる機密性の高い軍事を目的とする研究は行わないこととしています。共同研究の過程で、意図せずにそのような研究に関わってしまうおそれがありますので、注意してください。

なお、多くの研究には、軍事利用・平和利用の両義性があります。本学では、個々の研究者の良識のもと、学問研究の両義性を深く意識しながら、個々の研究を進めることを方針としています。

改訂前のようなすっきりした記述ではなく、曖昧さを多く含んだ文言となっている。以前と比べ、「成果の非公開」のみを軍事研究の問題点としており、また研究における両義性（つまりデュアルユース）を正面から持ち出していることに注目したい。

非公開の壁

改訂版ガイドラインの「成果が非公開となる機密性の高い軍事を目的とする研究は行わない」とは、言い換えれば、成果が公開できるなら軍事目的であっても構わないということになる。つまり、成果の公開を要求し、非公開となるのならば協力しないと宣言しているつもりなのだろう。

科学者は、自分の研究は自分の思い通りに進められるという意識を持っている。研究室の中では、自分の判断だけで研究できるのが当たり前と思っているからだ。だから軍との共同研究であっても、成果の公開は自分の自由であり、それができないなら止めればいいのだと、単純に思い込んでいる。しかし、軍との関係はそんなに簡単ではない。

軍事研究において、成果の公開は研究者側の一存(イニシアティブ)だけで決められるわけではないからだ。最初、軍は公開を認めていても(そうすることで研究者を呼び込むのである)、やがて研究内容が戦略や戦術に深く関係するようになると、機密性を要求してくると考えねばならない。事実、第2章で述べた防衛省との技術交流や安全保障技術研究推進制度では、軍の「同意」や「確認」がなければ自由に発表できないのだ。

途中まで自由に研究結果を公開していたのが、突然軍から「承諾」や「確認」が得られなくなってしまった場合、研究者は共同研究から簡単に手を引けるものだろうか? それまでに得られた知見まで秘密であることを求められるのだろうか? 約束が違うといって裁判に訴えられるものだろうか? と、いくらでも疑問が湧いてくる。しかし、軍という巨大組織と研究者個人の争いでどちらが勝つかは自明だろう。あくまで公開を要求しても、拒否されて「秘密漏洩罪」で脅されるだけである(それも理由を示さずに)。公開の要求を取り下げたら、以後もずっと秘密研究を強いられることになるだろう。それほど軍との研究は秘密が付きまとうものと考える必要がある。

ロボコンのような公開コンテストの類であれば、そんなに心配することはないとの意見があるかもしれない。しかし、もう少し想像力を働かせてみる必要がある。コンテストで上位に入り、それが機密性の高い高度な軍事研究に応用されるということになった場合、本当に断ることができるだろうか。研究がより高度に展開し、それに対し豊富な資金が提供されるとなれば、機密であるかどうかは考えずに研究に打ち込んでしまうのが研究者の常でないだろうか。

だから、成果の公開条件というのはいかにも軍事研究への歯止めのように見えるが、実際に軍事研究を受け入れないための歯止めとはならないと考えねばならない。最初が肝心なのである。

もっとも、そもそも成果が公開できる軍事研究などありえないのだから、「機密性の高い軍事を目的とする研究を行なわない」との宣言は、実質的に軍事研究をしないという宣言に等しい、と受け取る向きもあるかもしれない。しかし、「機密性の低い軍事を目的とする研究」なら良いのだろうか？　そもそもそんな研究があるのだろうか？　やはり、ここはすっきり「軍事研究を行なわない」と書くべきなのである。この改訂のおかげで、二〇一五年のＤＡＲＰＡ

主催のロボコンに情報理工学系研究科として参加した。結果は惨敗であったので、軍事利用の話にはならなかったのだが……。

一方、後半部では両義性に関して、個人の良識のみに任されてしまっていることが問題だろう。判断を個人に任せてしまえば、まったく恣意的な解釈をしたり、身勝手な論理立てをしたりして、軍事研究を行なうことになってしまうからだ。大河内東大総長の発言にあった「個人の良心と部局の良識」の二つが必要なのである。

東大総長による「フォロー」

産経新聞の報道後、濱田純一総長は間髪をいれず、同じ一月一六日付の「おしらせ」で「東京大学における軍事研究の禁止について」という文章を発表した。その中でまず

学術における軍事研究の禁止は、政府見解にも示されているような第二次世界大戦の惨禍への反省を踏まえて、東京大学の評議会での総長発言を通じて引き継がれてきた、東京大学の教育研究のもっとも重要な基本原則の一つである。この原理は、「世界の公共性に奉仕する大学」たらんことを目指す東京大学憲章によっても裏打ちされている。

日本国民の安心と安全に、東京大学も大きな責任を持つことは言うまでもない。そして、その責任は、何よりも、世界の知との自由闊達な交流を通じた学術の発展によってこそ達成しうるものである。軍事研究がそうした開かれた自由な知の交流の障害となることは回避されるべきである。

と述べているのは高く評価できる。もっとも「第二次世界大戦の惨禍への反省」について「政府見解にも示されているような」とあって、他人事のような書きぶりであるのは、もはや戦時中の研究者の戦争協力についての記憶がなくなったためなのだろうか。しかし、せめて「日本学術会議が創立総会で表明したように」と先輩の学者との共感を示してほしかった。ところが、両義性に関する議論を展開するに及んで歯切れが悪くなる。

軍事研究の意味合いは曖昧であり、防御目的であれば許容されるべきであるという考え方や、攻撃目的と防御目的との区別は困難であるとの考え方もありうる。また、過去の評議会での議論でも出されているように、学問研究はその扱い方によって平和目的にも軍事目的にも利用される可能性(両義性：デュアル・ユース)が、本質的に存在する。

いかにも多様な意見があって即断できないかのような言い方なのだが、防御目的であれば軍事研究も許されるという考えや、防御目的と攻撃目的との区別を持ち出して、一概に軍事研究といって拒否できないというニュアンスを強く感じさせる文章である。デュアルユースや防御目的の研究の正当性を主張して、問題をすり替えようとしているからだ。しかし、軍事研究とは戦争に関わる一切の事柄についての研究であり、それを禁止するという原則は何の留保もなく成立する明快な命題のはずである。そのことを思い出させないためのトリックのように思えるのだ。

また、この後にわざわざ「現代において……デュアル・ユースの可能性は高まっている」と強調している。両義性の問題が今に急に高まったかのような言い方である。しかしそれこそ一九五九年の茅総長発言以来ずっと継続している問題で、本来はずっと議論を重ねてきておくべき問題であったのだ。

最後の段落では、

このような状況を考慮すれば、東京大学における軍事研究の禁止の原則について一般的に論じるだけでなく、世界の知との自由闊達な交流こそがもっとも国民の安心と安全に寄与しうるという基本認識を前提とし、そのために研究成果の公開性が大学の学術の根幹をなすことを踏まえつつ、具体的な個々の場面での適切なデュアル・ユースのあり方を丁寧に議論し対応していくことが必要であると考える。

と長々と書いている。ここから美辞麗句を取り払ってみれば、「研究成果の公開性が大学の学術の根幹をなすこと」と「具体的な個々の場面での適切なデュアル・ユースのあり方を丁寧に議論し対応すること」という、情報理工学系研究科の改訂ガイドラインの線を擁護することしかいっていないのだ。せめて、「成果の公開性は絶対に守るべき大学の義務であり、将来起こりうる状況まで熟慮して曖昧に扱ってはならない」とか、「評議会や部局教授会において議論を積み重ね、大学人としての矜持を持って見解を披歴し、デュアルユース問題に対応するよう努力する」というくらいの決意を示すべきであったのではないだろうか。

いずれにしろ、この年の三月に退任が予定されており、後任の総長をあまり縛らないよう配慮を重ねた文言を連ねていることがよくわかる。歴代の東大総長の見識を比べてみるのは興味深い。

3　テロとデュアルユース問題

日本学術会議はこれまで二度（一九五〇年、一九六七年）、「戦争に協力するような研究を絶対に行なわない」声明を出してきたが、その後は軍事研究との関わりについては沈黙を続けてきた。55ページに書いたように、二〇一〇年、日本の学術界が米軍からの資金を受け入れてきたことが広く報道されたが、直接の軍事研究でないことや小口で学界にはほとんど影響を与えないとみなしたためだろう、問題にせずにきた。

ようやく二〇一二年になって、テロリストによるバイオテクノロジーの悪用可能性の問題が、デュアルユース問題として日本学術会議で論じられた。その状況を見ておこう。

炭疽菌とインフルエンザ・ウイルス

二〇〇一年九月、アメリカ同時多発テロ事件直後に、炭疽菌事件が発生した。本来、簡単に入手できないはずの炭疽菌が、ニューヨークなどの要人やマスコミ関係者に封筒に入れて郵送され、二〇人以上が発症、五人が亡くなった事件である。これによって、病原菌やウイルスによるテロの可能性があらためて認識され、それらの研究に対して何らかの規制が必要なのではないかとの議論が世界的になされるようになった。一方において研究の自由が制限されることを懸念する生物学者がおり、他方ではその制限こそ保健衛生対策には必要との公衆衛生分野の研究者がいる。「研究の自由」と「研究の制限」との矛盾をどのように調和させるかという問題が提起されたのである。

それから一〇年近くが経過した二〇一一年、日本のグループ（東京大学医科学研究所の河岡義裕氏ら）とオランダのグループによる高病原性鳥インフルエンザ・ウイルスに関する二本の論文に対し、アメリカ・バイオセキュリティ科学諮問委員会が改訂（または公表差し控え）を求めた。これらの論文が公表されると、テロリストが毒性の強いウイルスを開発して攻撃に使う可能性がある、という理由であった。これを受けて河岡義裕氏ら三九人のインフルエンザ研究者たちは、一時的に研究を中断する声明を発表したが、二〇一二年二月にWHOが、「テロリストに悪用される危険性より、新型インフルエンザ対策に役立つ公衆衛生上の利益の方が大きい」とする裁定を下し、論文は発表された。

これが契機となって、日本学術会議でも検討委員会が作られ、二〇一二年一一月、「科学・技術のデュアルユース問題に関する検討報告」が発表された（検討委員会委員には防衛省大臣官房企画官（前外務省生物兵器・化学兵器禁止条約局長）が加わっている）。

この報告では、英語のdual useに対し「用途の両義性」という日本語を充て、「科学者・技術者は、（中略）その職務として、自らの成果が人類の福祉、社会の安全に反する目的のために使用されていないか、常に見守り判断し行動する責務がある」と述べている（前文）。そしてデュアルユース問題を「破壊的行為と関連する可能性がある科学・技術の広い分野に関わる問題」として捉えているが、バイオテクノロジーなどの「悪用」のみを念頭に置いているように窺われる。一九五四年の「原子力の研究と利用に関し公開、民主、自主の原則を要求する声明」に触れているものの、科学の民生利用と軍事利用のデュアルユース問題には一切触れていないのだ。

そのためか、この報告書で説かれている規範は、ごく一般的・常識的な規準でしかない。たとえば、「用途の両義性の問題に対処するために、科学者・技術者は、自らの職業倫理に基づき行動することが必要である」（II規範本文の2科学者・技術者の行動原則）、「科学・技術の用途の両義性の問題を、社会の中にある科学者・技術者全体の信頼性の問題として意識し、人を欺かない公平な共同体・社会の構築により、透明性を保った中で対処する」（同4科学者・技術者共同体としての用途の両義性への対応）などである。このような内容に終始しており、果たしてより本質的な軍民両用という意味の両義性について悩んでいる科学者への指針になるのだろうか。また、学部生・大学院生などに対する科学者教育の材料にできるのだろうか。

研究の成果がテロに使われかねないという意味のデュアルユースについては、その研究が軍以外のファンディングソースの資金で行なわれた研究なら、原則的に公開されるべきであろう。通常の研究行為と解釈すべきであり、そのような研究の成果は、たとえ論文発表は禁止しても、研究会や学会において口頭で話されることまで禁止できず、必ず知れ渡ることは確実であるからだ。そして、公開した方が対処もしやすいのである。

日本学術会議の「行動規範」

日本学術会議は検討委員会の報告を受けて、二〇一三年に声明「科学者の行動規範について」を改訂した（同名の最初の声明は二〇〇六年に発表している）。わざわざ改訂版を出した理由として、科学者の不正行為、東日本大震災を契機とした科学者の責任問題とともに、「いわゆるデュアルユース問題」の三点が挙げられている。

実際、その数年前から、科学者の目に余るような不正行為が次々と暴かれ、社会問題化していた。また、東日本大震災後のアンケート調査で、原子力分野のみならず科学全般への信頼度が大きく低下したことも大きく影響した。そのため、あらためて科学者としての倫理と社会的責任を自覚するよう求めるのが主な狙いであったのだと思われる（皮肉にも、この声明が発表されてからすぐにSTAP細胞事件が起こった)。

つまり、科学のデュアルユース(両義性)に関しては付け足しのようなもので、「科学者は、自らの研究の成果が、科学者自身の意図に反して、破壊的行為に悪用される可能性もあることを認識し、研究の実施、成果の公表にあたっては、社会に許容される適切な手段と方法を選択する」と書かれているのみである(I科学者の責務、6科学研究の利用の両義性)。

そして、ここでの両義性は科学が科学者以外の誰かに悪用されるという場合に限っていて、科学者自身が両義性について決断を下す立場になるとか、科学者が主体的に軍事研究に携わる可能性がある、というような事柄については一切顧慮されていないのだ。現実には多くの科学者が軍事研究に関わるデュアルユース問題に直面し思案しているのに、である。はたしてこれが「科学者の行動規範」になるのだろうか。

その後私は、日本学術会議の大西隆会長に、軍学共同の雲行きが怪しくなっていることから、シンポジウムなり討論会を組織して議論をする場を持ってはどうかと提案した(二〇一四年八月)。しかし、会長からは、かつて日本学術会議が声明を出した時点とは時代が変わった、専守防衛なら声明で拒否した軍事研究に当たらない、との返事があった。軍学共同を進めたがっている政府と対立することを避けようとする態度が明白である。そのような姿勢では、学術行政に責任を持てるとはとても思えない。

ようやく、二〇一六年五月二〇日になって、日本学術会議は「安全保障と学術に関する検討委員会」を設置することになった。戦後堅持してきた軍事目的の研究を否定する原則を見直しに向けて検討する予定と伝えられているが、どのような結論を出すか注視していく予定である。

日本学術振興会の「心得」

一般の研究者の競争的資金のほとんどを供給している日本学術振興会の動向も述べておこう。先に述べたように研究者の不正行為が頻発していることから、日本学術振興会も科学者の倫理をテーマにしたシンポジウムを催したり、冊子を出版したりして啓発に努めている。たとえば、『科学の健全な発展のために――誠実な科学者の心得』(二〇一五年)では、科学倫理についての懇切丁寧な解説を行なっている。その「安全保障への配慮」という項目の中で、「機微技術などの安全保障輸出管理」と「デュアルユース(両義性)問題」の二つの節を設けているのは注目される。学術会議の「科学者の行動規範」では、「安全保障」という言葉すら使われていなかったことを考えれば、まだしもである。

といっても、前者は主として経産省が管理する「大量破壊兵器等への転用の可能性がある貨物の輸出や技術提供の管理」に関わる「安全保障輸出管理」(留学生の指導、海外との共同研究、資料の持ち出しなどにおける管理規定)であり、後者では先に述べた日本学術会議の「科学・技術のデュアルユース問題に関する検討報告」が取り上げられているにすぎない。わざわざ、後者の文頭に「科学技術の「デュアルユース」はもともと、ある技術が民生用にも軍事用にも使えるという意味で使われてきました」と書いているのだから、さらに踏み込んで、軍事に転用される可能性のある技術開発の研究をどう考えるかについて、そして安全保障と科学者の倫理規範との関係について、論じる必要があったのではないかと思う。しかし、そのような記述は一切ない。

先に述べたように、デュアルユースのため軍事に転用される可能性を否定できない開発研究であっても、日本学術振興会からの研究資金を使う場合なら、堂々と「自分の研究は平和のためであり、軍事に転用することは断固反対(拒否)する」と宣言すればよい。たとえば、そのような文言を論文の最後に記すことを推奨するのである。そのように具体的な処方が書かれた倫理規範こそ、研究者を励まし、現実の研究実践に役立つのではないだろうか。

4　日本の科学者の意識

一般の研究者は科学の軍事利用の問題に対してどう考えているだろうか。そして、防衛省のファンディング制度にどう対応しようとしているのだろうか。なかなか自分の心を正直に明かさない研究者が多いから、実際にどのように考えているのかを正確に把握するのは困難だが、最近のアンケートを参考にして考えてみたい。

研究者へのアンケート

国家公務員労働組合連合会(国公労連)は二〇一五年三月、国立試験研究機関に勤める研究者を対象に「第五期科学技術基本計画に向けて」の個人アンケートを実施し、八七二人からの回答を得ている(表5)。そこに軍学共同についての質問項目があった。

この回答の自由記述欄を見ると、軍事研究に対する科学者の態度は、以下のような五パターンくらいに分けられる。

表 5　軍事研究に関する研究者へのアンケート

質問

産学官の共同での研究が強まるなか，防衛省や米国国防総省が予算を提供する「軍事研究・開発」に参画する大学や国立研究開発法人が増えています．こうした「軍事研究・開発」を進めるべきだと思いますか？

回答とその理由

進めるべきである　78 件(うち，消極的・条件つき 26 件)		
理由	政府の担うべき機能は研究機関も支援すべき	29 件
	民間への転用可能	11 件
	科学・技術の発展	10 件
	研究資金の調達	6 件
進めるべきではない　137 件		
理由	平和利用目的を原則とすべき	39 件
	憲法順守・戦争反対	31 件
	秘匿性が強化される	8 件
	いったん手を出すと軍事予算の深みにはまる	7 件

国家公務員労働組合連合会(国公労連)が 2015 年 3 月，国立試験研究機関に勤める研究者を対象として行なったアンケート．

（1）防衛省との共同研究は軍事研究だから、一切携わらない。

（2）防衛省との共同研究は軍事研究だから関与したくないが、研究費が不足しているため参加はやむをえない。

（3）防衛省との共同研究が防衛目的であるか、あるいは将来的に民生目的に転用する約束があれば、それは軍事研究とはいえない。したがって共同研究に参加することに問題はない。

（4）科学・技術の発展につながるのだから、積極的に防衛省との共同研究を行なう。軍事技術は民生技術の底上げにつながるし、軍事技術もいずれ民生利用が可能になるのだから、わざわざ軍事と民生に区別するのは意味がない。

(5) 国家のために尽くすこと、あるいは研究費を出している国立の研究機関に属してくれているのだから、国の要請(命令)に従うことは当然である。

(1)はいかなる軍事研究にも反対する立場、(2)〜(4)は科学者・技術者としてさまざまに言い訳や口実を設けて軍事研究に参加していく立場、(5)はナショナリズム(あるいは愛国心)から軍事研究は当然とする立場、といえる。アンケートの回答のうち、明確に(1)の態度を表明したのは約六四パーセント、(2)〜(5)が約三六パーセントを占めていた。後者が意外に多く、今後軍事研究が研究機関に入り込んでいく危険性を思わざるをえなかった。以下では、(2)から(5)について順に各々の主張の内実を考えていこう。

研究者版経済的徴兵制

(2)の研究者は、防衛省との共同研究は軍事研究であるということを認識はしている。しかし、今の自分には自由に使える研究費がなく、競争的資金に恵まれないため研究ができない状況に追い込まれており、背に腹はかえられないとする研究者たちである。「選択と集中」の科学技術政策によって研究費の配分が細ってしまっており、このような状況に追い込まれている研究者が研究機関や大学を問わず多数いるというのが実情である。かれらは、競争的資金を稼ぐためには論文を書かねばならないが、研究費がなくては研究ができず、論文が書けない、そのために競争的資金に恵まれない、という悪循環に陥っている。だから喉から手が出るほど研究費が欲しいから、軍からの金であろうとありがたくいただく、ということになってしまうのだ。

私は、この状況を「研究者版経済的徴兵制」と呼んでいる。アメリカの多くの若者たちが、家庭が貧しいために大学へ進学できず、軍隊に入れば大学入学の資格が取れるとか金が貯められるとかの甘言で、やむをえず軍隊に行くのと状況が似ているからだ。研究者は、研究費という「経済的理由」で、軍事研究という「徴兵制」に応じようとしているのである。

しかし、防衛省の「安全保障技術研究推進制度」の競争率は非常に高い。現在でも一〇倍以上あり、将来生物や医学関係が含まれるようになると、もっと競争率は高くなるに違いない。日本学術振興会の科学研究費補助金の競争率はせいぜい五倍だから、それに出す方がずっと採択の確率が高い。これに比べ防衛省の資金は格段に競争率が高く、簡単に採用されるものではないから、研究費不足に悩む研究者にとっての「干天の慈雨」とはとてもいえないのである。とはいえ、新しい競争的資金ができれば歓迎してしまうのだ。

また防衛省の制度に応募し続けることによって、研究者の気持ちが荒んでいくことも考えねばならない。防衛装備品開発に応募して採択されないと、自分の提案にどこか穴があると思ってより高度な装備に改良するだろう。それでも採択されないと、さらにいっそう高度で攻撃的な提案に変えていくだろう。防衛省が何を望んでいるかを考えると、それに合わせるように自分も変わっていくからだ。その結果、異様で恐ろしい装備を考えるようになってしまっても、その「異様さ」に自分自身が気づかなくなってしまう。軍事にとらわれると発想がどんどんエスカレートして、人間性を失いかねないのだ。

運良く防衛省の資金に採用されても、心配なことは多くある。研究の過程は防衛省のプログラムオフィサーによって管理されるし、結果の発表についてもいちいち防衛省の「同意」または「確認」を得なければならない。それだけでも煩わしいのに、将来にわたってどの程度公開の自由が許されるか不明であり、成果の発表に関してその都度折衝することが求められるだろう。何ら理由を示さずに公開が禁じられることだってありうるし、その心配は一生続くことになりかねない。防衛省の意向をずっと斟酌しなければならないのだ。やはり人間性を失っていくのではないだろうか。少なくとも、そんな研究者人生は楽しいとは思えない。

また、提案を採択するにおいて、防衛省は単に提案の良し悪しだけでなく、相手との将来の関係まで見越しているのは確実である。二〇一五年の採択状況を見れば、所属する大学・研究機関がすでに技術協力を行なっているとか、同僚の研究者にも影響を与えられるとかの、技術提案内容だけでない別の要素も採択の理由になっているからだ。実際、採択された大学や研究開発法人を見ればそれがわかる。つまり、他の一般の競争的資金とは性格が異なっていることに注意しなければならない。純粋な競争的資金ではないのである。

軍からの金に頼らなければやって行けないようなら、思い切って研究分野を変えることを考えてはどうだろうか。金をかけなくても研究が続けられる分野は多い。また、科学者として「業績主義」「論文主義」とは異なる価値を見いだす生き方もありうるのではないだろうか(これについては拙著『科学のこれまで、科学のこれから』をご覧いただきたい)。その方がよほど人間的だと思うのだ。

防衛目的なら許されるか

(3)の立場が、デュアルユースを真正面に据えた軍事研究許容の論理である。一つは、防衛目的＝平和目的、攻撃目的＝戦争目的と捉え、防衛目的なら構わないという論だ（東大総長の文章でも同じように論じられていた）。もう一つは、将来的に民生研究につながるなら軍事研究ではないとする立場である。この二つを論じておこう。

まず、防衛目的は平和目的なのだから軍事研究ではなく許容される、という立場は多くの研究者が採用している考えである。戦後日本の平和主義は、非武装（戦力不保持）として出発したが、その直後「武装（戦力保持）を許容し専守防衛に徹する」と変わり、さらに「非侵略なら構わない」、そして今では「集団的自衛権を行使できる」と次々と拡大解釈されてきた。すべて「国の防衛のため（あるいは安全保障のため）」武装するということになっており、人々もいつの間にか「防衛のための軍隊」は当然だと思うように洗脳されてしまった。その結果として、研究者も防衛のための研究なら、攻撃を目的とする軍事研究（＝明らかな軍事目的）ではないから許されると考えるようになっているのである。

しかし、すべての戦争は「国の防衛のために」戦われるのだ。「防衛」は軍事研究のカムフラージュにすぎない。研究者もそれをよく知っているから、少し歯切れが悪い。そういって自分を無理矢理納得させているのである。

防御と攻撃はセットであり、戦争は攻撃のみで成り立っているわけではないという、当然のことを再び強調しなければならない。たとえば、矛《ほこ》は相手を攻撃し殺傷する武器で、盾《たて》はその攻撃から身を守る武器だから、盾は平和的である、といえるだろうか。実は盾と矛は一体であり、盾(防御)は常に矛(攻撃)の存在(その強度や破壊力)を考えて作り出されるものである。

この防御と攻撃の競合関係が、軍備がエスカレートしてゆく根源となっている。防御のためには、相手の攻撃力を想定して、常にそれを上回るようにしなければならない。しかし防御力を高めると、相手方はいっそう攻撃力を上げるよう努めるだろう、そうならこちらの防御力はそれ以上にしなければならない、というふうにどんどんエスカレートしていくのである。このようにして、軍事国家になれば必然的に軍拡競争に巻き込まれてしまうのだ。そして、最後の切り札として核装備を抑止力として使おうということになる。政府は「核兵器の保有・使用は憲法の枠内では許される」との見解を示している。自衛のためには核兵器も許容されることになってしまった。しかし、保有する核兵器数がどんどん増え、また核兵器保有国も増えたことからわかるように、核兵器も最終的な抑止力とならないことが見えてきた。ムダな大金をかけて国の経済力を傾けてしまうのがオチなのである。防衛目的すなわち平和目的という論理の欺瞞性は明らかだろう。

民生利用は口実となるか

もう一つ、将来民生利用の可能性があるのなら、純粋の軍事利用とはいえないと強弁する立場がある。「明確な軍事研究」あるいは「明らかな軍事研究」に携わることに対しては忌避感を持っているが、自分の研究は、(今は軍需品の開発だが)将来には民生利用のためになるから正当化されると考えるのだ。防衛省が「防衛生産・技術基盤戦略」や「安全保障技術研究推進制度」において強調しているのもこの点で、研究者側の不安を和らげようとしているのである。

さらにこの方向でいっそう防衛省が、研究者がデュアルユースを気にしないような働きかけをしてくるのではないかと私は想像している。それはたとえば、防衛省から大学・研究機関へ寄付金(将来、寄付講座ができるだろう)や奨学金を与え、その代わりに現職自衛官や防衛大出身者を研究生として送り込むのである。そこでは、防衛省は「先生は基礎研究をやっていてください、ただ、ノウハウを教えてもらったり、困ったときに相談に乗っていただくだけでよいのです」というのだ。そうすると、研究者は主観的に自分は民生利用のための基礎研究を行なっていて、軍事利用に携わっているという意識を持たないで済む。防衛省は軍事、研究者は民生に住み分ける、というわけだ。

しかし、やがて大学や研究機関がどんどん深みに嵌っていくことは明白だろう。なぜなら、さまざまな便宜を与えてくれる防衛省への依存から抜け出せなくなり、それへの返礼のつもりで基礎研究よりも軍事研究を優先するようになっていくからだ。気が付けば住み分けていたはずなのに、住処ごと占領されてしまっているということになりかねない。民生利用を口実にしていても、実際にはそれができないまま軍事利用の深みにはまっていくのだ。始めから民生利用を目的とする研究に軍が金を出すはずがないことはいうまでもない。

いったん武器の開発に携わると、研究者仲間に言い訳できないことは明らかである。軍と関係していて汚い仕事を受け持っていると思われたら研究者として最後であるからだ。そう考えると、デュアルユースとは、研究者仲間に通常どちらの顔を見せて研究を続けていくかの問題なのかもしれない。

科学至上主義

(4)は、(3)とは正反対で、科学は本来的にデュアルユースであり、軍事利用は使い方の問題なのであって、科学者は使い方の責任まで取ることはないとする立場である。科学の発展のためには何でも利用すればよい、とする科学至上主義者と共通する。

二〇一四年度のノーベル物理学賞を授与された中村修二カリフォルニア大学教授は、アメリカの国籍を取得した理由について、「〔アメリカの大学で〕研究する上では、アメリカ国籍でないと軍の予算がもらえないし、軍に関係する研究もできない。それで市民権を取得した」と語っている（『日本経済新聞』二〇一四年一〇月七日ウェブ版）。彼には軍事研究をタブー視する発想がないどころか、軍から研究費をもらうのは当然であり、軍のための研究を行なうことも当たり前と考えていることが窺える。もし彼に、なぜ軍から研究費をもらうのかと問い質せば、「軍からは一億円くらいの金が平気で出るのだから、研究費のことを心配しなくて済む」というような返事が返ってくるのではないだろうか。

これは中村氏だけのことではなく、過去のナチス時代のドイツの科学者を含め、多くの科学者に共通する心情であろう。おそらく、日本で「研究大学」と種別分けされるような大学や、特定研究開発法人のような多数の部門を抱える名門研究所には、このような研究者が多くいて、みんな科学者として自信満々である。

そのような条件のよい大学や研究機関のエリート研究者は、本来は軍と結びつかなくてもやっていけるはずである。しかし、次章で述べるように、「世界初」とか「世界一」という名誉を求め、かつより自由に使える資金を求めて、いっそう軍に接近したがる傾向がある。そして、軍事技術としていかに使われ、どのような悲惨な結果がもたらされようと、自分の提案が機能したことのみに満足感を覚えるのだ。第1章で触れたJASON組織は、そのような科学至上主義者の集まりで、軍学共同の確信犯といえるだろう。

国家の要請には従うべきか

(5)は、デュアルユース問題とは関係がなく、科学者としての見解ではない。愛国主義あるいは国家への従属意識にもとづく政治的立場からの意見である。この場合、国民からの愛国心を強要する圧力が、科学者に軍学共同に追い詰めていくという側面もあることを忘れてはならない。

二〇一四年五月に、防衛省の次期輸送機C2のドアが勝手に開くという不具合が起こり、防衛省が東大の航空宇宙工学の教授の協力を得ようと東大に要請した。東大は、軍事協力をしないとの歴代総長が確認してきた基本方針があるため、この要請を拒否した。防衛省は文科省に圧力をかけてこれを撤回させようとしたが、文科省は大学の自治の範囲だとして静観することにしたと報道された(『産経新聞』二〇一四年七月六日ウェブ版)。このとき、「税金で賄われている大学が国の機関の要請を断るのはけしからん」という論調が多数ネットに流れたようである。

この議論を敷衍すれば、国の税金で運営されている機関に属する人間(公務員や準公務員)は、一切国の意向に逆らってはならないことになってしまう。これは学問・思想の自由の問題に大学や研究機関の運営資金の問題を短絡させ、前者より後者を優先する議論である。実際に、国立大学に対する国歌斉唱・国旗掲揚問題と同様に、文科省が予算がらみで圧力をかけ、国家への忠誠を大学に強制する動きがある。そして、国民もこのような愛国心は当たり前のこととして受け入れやすい。やがてそれが拡大されて軍学共同に賛成しない大学狩りに連なっていく可能性も否定できない。

このアンケートから、すでに国公立研究機関の研究者にそのような意識(国の費用で研究ができるのだから、国のいうことには従わなくてはならない)があることが懸念されるのだ。国の費用とはもともと国民の税金であり、広く国民への説明責任として捉えるべきではないだろうか。

安全・安心のためのモノユース

防衛省や経済界の人たちは、民生技術と軍事技術のデュアルユースではなく、軍事技術の開発は「安全・安心のための」民生技術の開発であり、すなわちデュアルではなく「モノユース」である、といい始めている。

「モノユース」だという背景には、「安全・安心」には日常身辺のアレコレの事柄だけではなく、軍事を含む国家の安全保障体制まで全て包摂されており、民生技術から軍事技術まで一続きであることを強調しようという意図がある。いかなる研究も「安全・安心」のためであり、軍事研究と民生研究とを区別しても意味がないというわけだ。そうなると人々を説得しやすいし、研究者も気楽に軍事的研究に参加できる。この言い換えは、「平和のための戦争」と同じで、やがて「安全・安心のための先制攻撃」となるのだろうか。私たちは、そのような恐ろしい時代に入りつつあるのかもしれない。かつて、日本の総合商社が扱っていた商品を「ラーメンからミサイルまで」といっていたのだが、違った意味で何やら暗示的に聞こえてくる。

デュアルユース問題と科学者の社会的責任

デュアルユース問題についてどう考え、どのように対処すべきかを考えてみたい。

ある研究の結果が軍事利用の可能性があるからといって、研究を禁止したり非難したりできないことは明白である。あらゆる科学研究の成果はデュアルユースの可能性があるのだから、民生利用と軍事利用を区別することは不可能なのである。区別できるのは、どこから研究資金が出ているかだけである。だから、軍から研究資金を得たり、軍の研究機関と共同研究を行なったりすることを禁止すべきであろう。デュアルユースを口実にして、軍事利用に手を貸してはならないのだ。そして、真っ当なファンディングソースからの研究資金によってなら、堂々と自由に研究を行なえばよいのである。「軍や戦争のための研究ではなく、世界の平和と人々の福利のため」であるという旗印を掲げて。

それこそが、やはり科学の原点だと思うからだ。科学の研究は世界の平和と人類の福利のために行なうものであり、特定の国家や軍組織のために行なうものではない。それが科学者を志した原点であるはずだ。そのような意識こそ科学者としての社会的責任の根源なのである。これは技術者もまったく同じはずだ。

科学の成果はデュアルユースゆえ、軍事利用は可能かもしれないが、少なくとも「自分はそれに加担しない」という矜持を保つべきではないだろうか。歴史的には科学者がそのような責任ある行動をとってきたからこそ、日本では科学への社会的信頼が醸成されてきたともいえる。研究を志した原点にある、「誰のため」「何のため」に常に立ち戻り、自分の来し方行く末を自省することが大事なのである。

むろん、これは個人の倫理意識に属することであり、法や規則によって強制されるものではない。しかし、だからといって「個々の研究者の良識」に閉じ込めてしまってはならない。教室や学部の教授会や全学教員集会など、いろいろな機会で議論し、できることなら組織の規範や憲章としてまとめ、軍事研究に携わらないよう決議することである。個人として揺らぎそうになっても、集団として気持ちを揃え互いに律し合えば、何とか乗り切れるからだ。

倫理規範は弱いもので、現実に軍事研究を行なおうとする研究者が出れば、簡単に破られてしまうのではないか、といわれるかもしれない。しかし、大学として(あるいは研究者集団として)合意した倫理規範は、むやみに破れるものではない。あえて破ろうとした者が出れば話し合い、なぜそうしようとするのかを議論し、置かれている状況を互いに理解し合う機会とすればいい。互いに助け合うことも含めて、軍事研究をしないで済む方策を相談できるかもしれない。そのときのチェックポイントが、やはり「誰のための、何のための科学か」なのである。

科学者は、自分が発見した事柄が先々どのように使われるかを想像する力を持っている。その想像から得られる結果を直視しなければならない。直視しようとしないのは、科学者としての怠慢であり無責任といわれても仕方がない。何らかの悲劇が起こると推測できたときは行動を起こさねばならない。それが面倒というのなら、人間としての資格はないといわざるをえない。研究の成果がどう使われるかが科学を活かしも殺しもするのである。

第4章　軍事化した科学の末路

世界各国で軍学共同が行なわれている。大学や研究機関に属していて、本業の基礎研究と密接に関連する軍事研究に従う研究者は多くいる。また、軍と関係しない大学や研究機関で行なわれている研究をウォッチし、そこから軍事技術に転用できそうなものを探すことを主な仕事としている科学者もいる。むろん、軍付属の研究機関で専ら軍事技術の開発を行なう研究者や、軍のシンクタンクに属して新規の軍事技術を提案する研究者も多くいる。『戦争の科学』の著者ヴォルクマンは、おそらく世界中で五〇万人を超す研究者が何らかの形で直接軍事研究に携わっていると見積もっている。さらに、武器や戦闘機やミサイル製造などの軍需産業はもちろんのこと、自動車、船舶、航空機、エレクトロニクス、IT、人工知能、ナノテクノロジー、繊維など多くの分野の企業で、多くの研究者が軍事用品への応用研究や開発を行なっている。

直接的であれ間接的であれ、人間が殺し合いをする戦争のための用具に関わるという、ある意味では最悪の(あるいは最も罪が重い)仕事であるにもかかわらず、このように多数の科学者が軍事に関わっているのには、それを上回る魅力があるために違いない。一体何が科学者を惹きつけるのだろうか。しかし、最終的には空しい思いしか残らないと思われる。軍事研究の魅力と空しさを考えてみよう。

1　科学者は単純である

まず、科学者という人間の特性を考えてみよう。一般には高学歴の(今では九九パーセントまで博士号を持っている)エリートであり、世間からはちょっとずれた存在である。昔の科学者は、映画『バック・トゥ・ザ・フューチャー』に登場する「ドク」のように、度の強いメガネをかけて髪の毛もじゃもじゃ、服装に無頓着で細かなことは気にしない、という人物と世間には思われてきた。しかし、科学者の数が増え普通の人間がほとんどとなった現在では、通常のサラリーマンと外見はほとんど変わらず、普段はTシャツで過ごしている。とはいえ、その心情についてはあまり知られていないようなので、ここにまとめておこう。

そもそも、科学者とはどのような人間なのだろうか?

科学者は、研究の現場においては王様である。何を研究テーマとするかの出発点から、その問題を解いて論文にして発表する最終点まで、すべて自分の考えで進めることができる。また、通常の研究費は、申請した枠内であれば自由に使うことができる。大学では講義や会議以外の時間は基本的には自由で、すべて研究に当ててても他のことをしてもよく、誰からも指図されることはない(最近では、競争的資金への応募のため書類書きが増えたけれど)。

そのためだろう、研究者は、外の世界もそのようであると錯覚する。たとえ軍事研究であっても、自由に公開できると軍に約束させられると信じ、将来民生利用へと転換すると軍が約束すればその通りになると思い込む。何でも自分本位で進められると思っているのだ。

そもそも普段から大学以外の人間に接触することがほとんどないから、社会にはさまざまな人間がいることを知らない。また、論文では嘘は書かれていないとして受け取るのが常識(性善説)だから、誰でもそうであるとみなす傾向がある。だから、軍や企業の海千山千の人間のお世辞を信じ込み、簡単に乗せられる。

研究費の支出を除いて、日頃金銭的な取引がほとんどないから、お金については律儀で、企業から奨学金や寄付金を少しでももらうと、その企業を応援したくなり、企業にとって都合が悪いことには一切触れないようになってしまう。だから、軍から資金が入るようになれば、軍に対して協力的になり、実直に尽くすようになる。電力業界に対する原子力の専門家たちや製薬企業に対する臨床の医師たちがそうであるように。

研究室の外では科学的でない

科学者は、自分の専門に関わることなら、細かな点まで異常なくらい正確さにこだわるが、専門を外れると、どれほど重要なことであっても等閑視してしまう。オルテガ・イ・ガセットが「科学主義の野蛮性」と呼んだように、いったん専門から外れると幼児と同じ程度の知識しかないにもかかわらず、そのことに気づかず、何事も知悉していると思い込み、自分の意見を押し通そうとする。さまざまな専門家会議や諮問委員会などで科学者は委員として委嘱されるが、「幅広い学識と見識によって」判断するわけではなく、官僚の作文を追認してお茶を濁すのみである。しかし、本人は期待された通り学識経験者としての役割を果たしていると思い込んでいるのだ。

日頃、法則や数式や厳密に考えられた実験ばかり扱っているためか、科学者には形式論者が多い。法律が現実を反映していないことが明らかであっても、「法は法である」として現実離れした判断を下す。たとえば、公害や薬害の認定審査において、定められた認定基準を一つでも満たしていなければ簡単に申請を却下してしまう。人体は〝複雑系〟であって、基準通りの症状を示すとは限らないのに、あるいは認定基準が万全であるとは限らないのに、基準を楯に取って容赦なく切り捨てるのである。またたとえば人事選考委員になると、書類にほんの少し間違いがあるだけで、その人物を見ようともせず審査から外してしまう。中身より形式が大事なのである。社会常識で判断すれば、明らかに犯罪と考えられる事象(たとえば、公害、薬害、汚職、談合、身代わり出頭、闇取引、国家の組織犯罪など)であっても、あるはずのない直接の証拠を求め、それがないと犯罪もなかったと簡単に決めつけてしまう。それが科学的であると信じているのだ。

自然科学の場合、研究業績の判断は、論文によって比較的公正に、かつ容易にできる。その分野の研究者で最近の研究事情まで把握していれば、提出された論文でどのような問題を解決したか、それがどのような影響を及ぼすかといったことは、判断可能である。しかし、もはや第一線のことには疎くなっているので、過去の業績ばかりに固執して、新しい研究結果を受け入れられなくなっている科学者が幅を利かせている場合が多い。役人たちは、そのような時代錯誤な「専門家」が好きで、専門家会議や諮問委員会委員に任命する。御しやすいからだ。日本の審議会行政は、そんな仕組みになっていることに留意しなければならない。

また科学者は、研究業績の評価を、当の科学者そのものの人間性の判断にまで及ぼす傾向があることに注意する必要がある。相手が高名な(一流の業績を挙げた)科学者であれば、その業績に目が眩んでしまい、科学以外の事柄についてもその人物を信用してしまうのだ。一般に、一流の科学者であっても、教育や行政の見識が高いことを必ずしも意味しない。しかし、ノーベル賞をもらったりすると、何もかも有能であるかのように誤認して政府の要職に招いたりするのは、周囲が(本人も)「偉い」と信じ込んでしまうためだろう。高い業績を挙げた人物を「偉人」と呼ぶことが多いが、果たして本当に「偉人」であるのか考える必要がある。

分野が違って研究の中身がわからない場合、相手の肩書で判断することになる。一流大学の教授のいうことであれば信用し、そうでない大学であって、さらに助教(助手)や助教授(准教授)だとなかなかその主張を信用しようとしない。このあたりの傾向は科学者だけのものではないが、科学者同士で顕著に見られる特性といえるだろう。

要するに、科学者は一般に社会的リテラシーに欠けることが多く、反応は単純で、形式論者が多いといっても過言ではないだろう。ここまで、科学者である自分自身を含めて解剖してみた次第である。

2 軍事研究の「魅力」

「世界初」の魔力

以上のような特性とは別に、科学者が特に固執する習性がある。「世界初を目指す」ことを、何にも増して追い求めるという点である。これは技術者も同じであろう。

科学者は、自然が呈する謎を前にして、その由来や仕組みを明らかにしようと挑戦し続ける。そして科学的興味を持つと、その社会的意味を問うことなく、その謎の解決に夢中になってしまう。技術者の場合は、明らかになっている科学的原理や法則を使ってこれまでにない新しい人工物を製作し、生活や生産のために役立てたいと望む、といえようか。ともすると、それが人間に何をもたらすかはいったん脇において、ともかくも創造することに夢中になるのだ。

このように、科学者も技術者も、謎の解決や創造という目標のために、一切の利害や善悪を忘れて打ち込むという共通性がある。その場合、「世界初」とか「世界一」といった目標があれば、いっそう夢中になって精力を傾注する。「世界初」「世界一」の勲章は科学者・技術者にとっては最高の誉れであり、何よりもそれを獲得することを望んでいるのである。マンハッタン計画において、ナチスが原爆を開発していないことが明らかになって、もはや戦争の遂行において原爆開発の必要がないと判断できたにもかかわらず、科学者・技術者たちが完成まで作業の続行に固執し続けたのは、まさに「世界で最初の核エネルギーの解放」であったためといえる。

いわずもがなだが、軍事研究は、常に敵を凌駕する破壊力・殺傷能力・防御能力を持っている状態を継続するために行なうものである。そのためには、既存の武器や装備をより充実させるとともに、新しい原理や方式による武器や装備の開発、そして敵の攻撃を受けても被害をより少なくする防御手段の研究が欠かせない。現在は、前者にはロボットやナノテクノロジーを利用した兵器や海中を自由走行できる無人兵器、後者にはレーダー光を完全反射する表面素材や軽量だが強い剛性の金属素材などの開発が焦点だろう。これら世界でまだ誰も作ったことがない装備を、世界に先駆けて開発することが目標になる。つまり、技術者として「世界初」に常に挑み続けるのだ。

さらに、そこから民生利用へのスピンオフが起これば、起業して収益を挙げることも可能である。一般に軍事開発された技術は秘密とされて特許の対象にならないから、最初は独占的に商売できることもある。アメリカの大企業のほとんど、たとえば化学企業のデュポンやダウ・ケミカル、自動車のGM（ゼネラルモータース）やフォード、電気製品のGE（ゼネラルエレクトリック）やWH（ウェスチングハウス）などは、軍需で技術開発を行なって大儲けした後、それをスピンオフして民生品とし、大量生産によってさらに大儲けした結果、多国籍企業にまで成長した。企業にとって軍事開発は、ビジネスを拡大するチャンスとなることは明らかである。それはまさに軍事研究が常に「世界初」を目指しているためで、それが科学者・技術者が軍事研究を行なう大きな魅力となっている。「軍事開発は発明の母」といわれる一つの理由もここにあるといえそうである。

軍からの潤沢な研究資金

新しい原理に基づいた装備を開発したり、先端技術を応用した新規の武器を工夫したりするためには、膨大な開発費用がかかる。しかし、常に少しでも敵を上回る装備を整えておきたい軍は、可能性が見えれば、その開発経費を値切ることはない。さらに軍は、絶えず敵の攻撃の危険性を言い立て、「ミサイルギャップ（敵のミサイルの後れを取っている）」との宣伝をして、軍事体制を絶えず「近代化」するよう圧力をかける。こうして「軍拡競争は、必然的に、限りなくエスカレートする」のである。その背景には、軍事資金の大盤振る舞いがあることは明らかだろう。

研究者にとって軍事研究の最大の魅力は、研究資金(資材や人材の補給も含め)が豊かであることだ。どのような形であれ研究予算が欲しいというのが科学者の本音だから、研究予算で釣られれば簡単に軍事研究に飛びつくことになる。第二次世界大戦中に多くの研究者が科学動員を受け入れたのは研究費を稼ぐためであったし、研究者のアンケートで「研究の自由がもっとも実現されていたのは、第二次世界大戦中であった」という回答が最も多かったのも、軍からの研究費が潤沢に使えたためであろう。研究費が多ければ研究の自由度も大きいと感じられるのだ。

現在、国立大学では経常研究費がスズメの涙ほどの少額になっているし、国立の研究機関では大型プロジェクトには潤沢に金が付くが、自由な研究に使える小口の研究費に不足する状態になっている。競争的資金に応募してもほとんど採択されない研究者にとって、防衛省のファンディング制度は助け船と感じられるのかもしれない。しかし、この制度は研究者を救うためではなく、軍事研究に引っ張り込むために創設されたことを忘れるべきではない。第3章で述べたように、これは研究者に課せられた「経済的徴兵制」なのである。

企業にとっては、軍事開発は実にありがたい資金源となる。軍事開発という名目で初期投資を軍に肩代わりさせられるから、採算を考えず新製品の開発ができるし、成功すれば軍需品生産のための設備投資だって期待できるからだ。企業は軍に寄生することで、膨大な投資が節約できるのだ。さらにスピンオフに成功すれば、独占的に商売ができるし、軍需製品を輸出すればいっそう大儲けができる。日本がアメリカから高い装備を買わされているように、軍需品は売り手市場であるからだ。軍に金を出させて開発し、製品を独占的に販売する、こんないい商売はないだろう。軍産複合体が強固に存在し続けられるのは、このような儲ける手口が豊富にあるからで、企業も研究者もその魅力から離れられないのは明らかである。

軍事予算と研究の自由

科学者が軍事研究に魅力を感じるもう一点は、科学を発展させることができると思い込めることである。ドイツの科学至上主義でも、また先の国公労連のアンケートにもあったのだが、軍からの金によって科学が発展するかのように捉えている研究者が多いのだ。防衛省は軍の装備開発のために資金を提供するのであって、科学の発展のために金を出すわけではないことは自明なのに、なぜそのように考えるのだろうか。防衛省の資金が潤沢に使えることのみに目が眩んでいるためとしか思えない。

科学の発展が第一で、そのために援助してくれるものは何であれ歓迎するとの意識なのかもしれない。軍事技術の開発であっても、「世界初」の要素が少しでもあれば、予算も豊富に使えることもあって受け入れよう、ということなのだろう。しかし、よくよく考えてみれば、単に科学者のエリート意識が逆手に取られ、科学者のひとり合点を巧く利用されているだけなのではないだろうか。私たちは日ごろ貧しいから、少しでも金が使えそうであると、何でもできるかのような幻想(錯覚)を持つものなのである。これが「研究費の高さ＝研究の自由」と考える原因といえそうである。

3　軍事研究の空しさ

軍事研究に携わる研究者とて、人格のないロボットのように軍事研究一筋で過ごしているわけではないようだ。軍事研究の空しさに絶望して転職する研究者も多いからだ。

日陰の研究者

軍事研究の空しさの最大の要因は、その研究内容のみならず、自分の存在そのものが「軍事機密」であるという点にある。軍事専門の研究者は、相手が誰であろうと、自分の仕事(職業)

を軍事開発だと正直に言うことができない。また一般の人との世間話の中で、どんな仕事をしているかを話すことができず、口ごもるか、全く架空の物語を語るかしかない。そんな人間関係しか持てない生活にどんな楽しみがあるのだろうか。

さらに、研究者であるにもかかわらず、研究成果が一切公表できない。大いにストレスが溜まることが確実である。研究者としての楽しみは、研究内容を発表して人から褒められたり、批判されたり、論争したりすることにある。研究者同士の自由な討論こそが、研究者としての生き甲斐である。それが一切できない研究者ほど惨めな存在はないのではないだろうか。人が驚くような新発明をしても、誰にも語れないのである。

当然、研究者としての国を越えた連帯意識や、発明や発見の共通の喜びを共有することができない。軍事技術に関しては、自由討議ができる開かれた国際会議などは存在せず、参加資格が限られた閉じた秘密会議でしか発表できない。研究に使えそうな技術を探るために、一般の国際会議に出る必要があるが、そこではただ講演を聞くのみである。

このように、秘密研究であることで、研究者としての自分の存在を公にすることができず、研究について矜持を持って語れず、表面的には軍事研究を否定しなければならないこともある。軍事研究を大っぴらに礼賛する人間はそう多くいないからだ。スパイのような存在というべきかもしれない。スパイは、人に知られずに重要な仕事に従事しているという秘かな誇りを持っているかもしれないが、生涯陰の存在として演技を続ける人生を送るのである。

虚しい研究

軍事研究は不毛に終わる場合がほとんどである。時間をかけて開発した武器や装備品であっても、軍事戦略の変更、予算や時期の制限、周辺技術の変化などによって、ほとんどは実際には使われないまま、やがて時代遅れになって破棄されてしまうのが普通である。自分の努力が陽の目を見ることなく、闇から闇に葬られて何も残らないのだ。研究成果は大体において使い捨てなのである。

人間を殺傷する武器は使われないに越したことはないのだが、逆によく使われて大きな威力を発揮し、多数の人間を殺すことになったら一体どのような感懐を抱くのだろうか。おおっぴらに喜ぶのだろうか、それとも取り返しがつかないことをしたと後悔するのだろうか。原爆を開発して、巨大な爆発を目撃した科学者のひとりが「これで俺たちはみんな下々の下太郎だ」と述べた言葉（藤永茂『ロバート・オッペンハイマー』）が私には印象に強く残っている。

防衛目的の装備であっても、そればかりを考えていると、どんどんエスカレートすると先に述べたが、攻撃兵器を研究するといっそう攻撃的・破壊的発想が強まっていくのは確かだろう。心理学の実験で、被験者を看守役と囚人役に分けて互いの行動を観察すると、時間が経つにつれて看守役が囚人役に対してどんどん横柄になり、攻撃的になっていくという結果が報告されている。人は誰でも、どんな任務であろうと、自分に課せられた任務を忠実にこなすだけでなく、より熱心に、より効果的に任務を遂行するべく工夫するようになるからだ。期待に応えたいという欲望も強くなる。軍事研究においても、そのときはひたすらより確実でより強靭な兵器にする（つまり、より効率的に人間を殺傷する）ことしか考えなくなるのである。後で振り返ってみて、いかに自分が馬鹿げたことに夢中になっていたかがわかり、空しさを募らせるのみになるのではないだろうか。

オッペンハイマーの場合

原爆開発のマンハッタン計画を科学者の立場で主導したJ・R・オッペンハイマーは、戦後、水爆の開発に反対し、赤狩りに遭って国防に関わる重要事項に関与する資格を失った。この「オッペンハイマー事件」は、軍事研究に深く関わった人間が権力によってどう使われ、どのような結末を迎えるかを示していて興味深い。彼は優れた物理学者であったとともに、（共産党を支持した過去があったことが示すように）政治や社会の動向に関心を持って注意を払う視野の広い人間でもあった。しかし、いったんマンハッタン計画の中心に座ると、ひたすら原爆を完成させることばかりに関心が向いてしまった。ほかの研究者たちが、日本に投下する前に無人島で実験し、その威力を日本の軍人やジャーナリストたちに見せるべきだと提案を行っても、耳を貸すことがなかった。しかし、核実験に引き続いて広島と長崎に原爆が投下され、自らが完成させた二個の原爆が何をもたらしたのかを見るに及んで、彼は次のように語っている（一九四七年のマサチューセッツ工科大学における講演「現代世界における物理学」、藤永茂『ロバート・オッペンハイマー』）。

戦時中のわが国の最高指導者の洞察力と将来についての判断によってなされたこととはいえ、物理学者は、原子兵器の実現を進言し、支持し、結局その成就に大きく貢献したことに、ただならぬ内心的な責任を感じた。これらの兵器が実際に用いられたことで、現代戦の非人間性と悪魔性がいささかの容赦もなく劇的に示されたことも、我々は忘れることができない。野卑な言葉を使い、ユーモアや大げさな言い方でごまかそうとしても消し去ることのできない、あるあからさまな意味で、物理学者は罪を知ってしまった。そして、これは物理学者が失うことのできない知識である。

ここには、軍事研究に従事して愚かな結末を招いてしまった科学者の空しさが如実に表されているのではないだろうか。

オッペンハイマーは、その後原爆の国際管理を主張し、水爆の開発に反対はしたが、平和主義者になったわけではない。彼が水爆開発に反対したのは、原爆で十分であるという考えからで、自分が開発を進めた原爆を手放すことができなかったためと思われる。結局、彼が追放されたのは、ホワイトハウス、ペンタゴン、キャピトルヒルから、つまり彼がなお座り続けることを望んでいた国家エリートとしての地位である。オッペンハイマーのような優れた人間の才能が、軍事研究によって潰されてしまったことに空しさを覚えるのは私だけではないのではないか。

軍事技術の限界

軍事研究は、結局は戦争に勝つため、あるいは「抑止力」として敵を怯ませ、攻めてこないようにするための技術開発である。だから、省エネルギー・省資源とか環境への影響といった観点は無視されてしまう。贅沢に資材を使って強引にでも目標が達成できればいいのである。力ずくで、無理にでも形を整えていく開発は、技術者として空しいのではないだろうか。技術的合理性の観点からも、軍事技術には明らかに限界があるからだ。

一般に、科学の法則は一つだが、それを技術化する方法は複数ありうる。そのため、新技術は特許を通じて一般公開され、その特許を参照することから、より合理的な別の方式が考え出され、より洗練された技術に育っていく。たとえば、性能が良い、エネルギーや資源の消費が少ない、安全で扱いやすい、といったさまざまの面で最善の方式が探され提供されていく。民生品はこのような過程を経て、市場で生き残ってきた製品といえる。これが技術的合理性といわれる。

ところが軍事開発となると、投入するコストやエネルギーは問題ではなく、運用のための追加コストや環境倫理は無視され、ひたすらパフォーマンスとして何が可能になるかだけしか眼中になくなってしまう。そして、たまたま成功した一つの技術方式だけに精力が注がれ、それより良い方式を工夫することがなくなり、技術レベルはそこで止まってしまうのだ。あるいは、行き詰まっても軍事研究であるため秘密のままだから新しい試みがなされず、可能性を秘めた別方式の技術があっても立ち枯れてしまうことにもなる。

一つの例として、ウランやプルトニウムが原爆の材料として開発されたために、その後の民生利用としての原発にもウラン使用の技術開発しか行なわれてこなかったことが挙げられるだろう。燃料の埋蔵量や原子炉の安全性からいえば、燃料としてトリウムを使った方が有利であるという論もあるが、その真偽も可能性も十分検討されないままである。原子力開発がウラン利用の軍事技術から出発したことの偏りが尾を引いているといえる。原子力開発には膨大な投資が必要であり、いまさらトリウム方式に簡単に変えることができないという側面があるのだと思われる。

また別の例として、デジカメ用の素子であるCCD(電荷結合素子)開発の逸話がある。ベトナム戦争のとき、ジャングル内のゲリラを捕捉するために、アメリカ軍は赤外線カメラを開発しようとした。ジャングルの外からでも人体が発する赤外線が捉えられることが買われたのだ。ところが、良い素子がなかなか見つからなかった(現在でも、赤外線用の素子の開発は難渋している)。戦争が終わってもデジタル素子の開発は秘密の軍事技術として公開されず、また赤外線用素子は開発が困難という問題は知られていて、アメリカの民間企業はCCD開発に手を出さなかった。他方、日本の企業は、赤外線用ではなく、通常の可視光用の素子を開発した。日本には軍事研究によるマル秘条項がなく、発想を変えて研究することができたのだ。こうして先行した日本製CCDが世界の市場を席巻した。軍事技術であったことの秘密性・硬直性、さらに赤外線から出発したことの技術的困難性が、アメリカにおけるCCD技術の発展を阻害していたのである。

超兵器？

軍事技術の開発と称して、荒唐無稽な疑似科学同然のアイデアに資金や資材や人材を投下し、すべてムダになってしまうことがこれまで何度もあった。一般に軍人は科学に弱く、口先でいかにも兵器として有望であるかのように売り込まれると信用してしまい、多額の資金を提供して大損してきたのである。そのようなことが数多くあったはずだが、騙されたことは隠して破棄してしまうので歴史の闇に閉ざされてしまう。植木不等式氏が書いた『ぼくらの哀しき超兵器』には、高周波爆弾と地震兵器、魔法の水とかテレパシーの利用など、軍に華々しく売り込まれ、軍は信用して大量の資金を投下し、結局見事に失敗し騙された、という事例がいくつも掘り起こされていて興味深い。

功を焦るあまり、科学的発想としては否定できないが、現実の技術では実現しない開発に手を出してしまうこともある。東大教授であり、理化学研究所で研究していた物理学者、長岡半太郎が大正末期に「水銀から金ができる」という説を唱え、これに軍が飛びついたという逸話が残っている。水銀と金は原子番号が一つ違うだけの隣接元素で、水銀(の原子核)から陽子を一つ取り去ると金になることは確かである。しかし、それは化学的方法では原理的に実現できない。煮沸しようが酸に漬けようが水銀を金に変えることは不可能なのである。しかし、軍が信じ込んで本格的に手を着けようとしたらしい。手っ取り早く成果を得ようとすると失敗するのである。

また、平時には金がかかり過ぎて採用できないが、戦時中であるから採用できる軍事技術も多くある。中谷宇吉郎が、北海道で飛行場の霧を消すという戦時研究を行なったことについては前に述べた。イギリスでも同様の研究が行なわれたが、結局石油を燃やして地上を温めて霧の発生を止めるしか方法がなかった。そのような方法で常時霧を消そうとすると、大量の石油が必要となって莫大な費用がかかるから、平時にはとても実施できないのだ。ちなみに現在では、飛行機は電波誘導方式となっており、濃霧になって視界がゼロでも発着できる。

このような軍事技術に関わるさまざまな問題から、技術が社会に生きる条件を明らかになるのではないだろうか。それは以下の問題とも深く関係している。

4　軍事研究は科学を発展させるのか？

戦争は発明の母か

まず、言葉の厳密な意味で、軍事研究が科学を発展させることはありえないことを言っておきたい。科学とは、さまざまな自然現象を支配している原理や法則を明らかにするための営みである。その原理や法則は、研究対象とする物体や現象に適用できるだけでなく、より幅広い対象にも適用できる普遍性がなければならない。そのため、原理や法則は抽象的・一般的・概念的に表現される。したがって、科学が軍事や戦争と直接関連することはなく、歴史的にも軍事研究が新たな原理や法則を発見する契機となったことはない。

軍事研究で行なわれるのは、戦争に使われる軍事技術の開発である。科学で得られた知見を具体的事物に適用し、戦争を遂行するために役立つもろもろの装備や兵器などを製作したり改良したりする。つまり、軍事研究が発展させるのは（科学ではなく）技術であることをまず強調しておきたい。

レーダーから電子レンジが発明されたように、軍事技術の展開から、思いもかけない民生品の発明につながることがある。軍事技術を洗練することが、技術の新しい応用の可能性を引き出すのである。その意味では、軍事研究が技術を発展させる契機になることは否定できない。

このようなことから、戦争こそが発明やイノベーションを引き起こす大本であると考えている人が多くいる。しかし、それは真実なのだろうか。

よく考えてみると、戦争が「発明の母」となったというよりは、やはり「必要は発明の母」であったというべきではないかと思う。つまり、戦争という状況が、さまざまな物品への必要性を高め、それによって発明への切迫度が上がるのだ。戦争という緊急事態がさまざまな極限状態(通常では経験しない緊急事態・不測の事態・異常事態・切迫した事態・普段あり得ない状態など)を生み出し、その状態に対応するために必要とされる物品が増えることになる。つまり、戦争が口実となって物品への必要性が高まって発明を刺激するのである。

さらに、戦争となれば、必要品とみなされたものの開発のためには国家が金を惜しまず投資をするから、当然イノベーションも進む。そこで発明された物品が平常時でも役に立つと認識された場合スピンオフにつながる、という筋道と考えられる。つまり、

戦争→必要性→国家の投資→技術開発→さまざまな物品の発明→民生品へのスピンオフ

という関係の連鎖である。単純化すれば、戦争がまず必要性を掘り起こし、そこに潤沢な国家の投資があることが発明の基本条件といえる。その意味では、その源泉が何であれ必要性が認められ、それへの投資が行なわれるという条件さえ満たされればよく、戦争でなければならないわけではない。

戦争は必要か

以上のように考えると、果たして戦争は技術の発達にとって必要なのかということが問題になる。これについては、二つの点で必要性の中身を吟味しなければならない。

一つは、戦争という緊急事態がない平和時でも、同じような必要性が喚起できるかどうか、という点である。言い換えれば、平和時には特に必要性はなく、戦争時にのみ求められるような必要性であるなら、本来無意味なものであって、スピンオフにはならないはずである。ところが、それがスピンオフして成功する場合がある。それは、

（1）戦争目的（レーダーで敵の飛行機の位置を調べる）よりも、魚群探知など別の目的に対してもっと有効であるとわかった場合

（2）元々の必要性（レーダー）とは全く違った使い方（電子レンジ）が見つかった場合

（3）緊急性はないが、思いがけない使われ方で便利であるとわかった（レーダーを使って野球のボールの球速を測る）というような場合

であろうか。

つまり、軍事研究によって発明された軍需品を目の前にして、ようやくその新しい使い方に気がついたというわけである。私たちの想像力が欠如していて、技術の応用（あるいは別の技術への適用）の可能性に気づいていなかっただけなのだ。私たちの想像力の鈍さのために、現物がなければ新しい展開がなかなか考えられないことを意味している。それは往々にしてあることで、ある一つの発明が登場したことで次々と新たな発明に連なっていくようなことは、平和時にいくらでも経験している（ケータイやスマホの進化を見ればよい）。

最初の発明が軍事研究である場合のみ強く印象に残って（あるいは仰々しく強調されて）、大げさにスピンオフと呼ばれているだけと言えなくもない。私たちは、戦争と関係なく、平和時において開発された多くの製品に囲まれ便利さを満喫していることを忘れてはならないのだ。

スピンオフとは

もう一つは、平和時において必要性は認められながら、膨大な初期投資が必要で採算の見込

みがない技術の場合である。このような技術開発には企業は手を付けず、国家が主導して進めた事業が数多くある。平和的なものとして望遠鏡や加速器建設とかゲノム解析などが思い浮かぶが、コンピューターやインターネットなど軍事目的で開発が行なわれた事業が圧倒的に多い。国家も軍事目的であるという理由で大きな予算を費やしたから開発できたのである。それらのうち、軍事に支障がない限りにおいて一般に公開し、そして大きく広まった場合をスピンオフと呼んでいる。軍事に支障が予想される場合、一般開放すれば人々の生活がより便利になると予想されても、国家が独占したままということが多くあるに違いない。秘密のままだから、私たちは気づいていないだけなのだ。技術は一般にデュアルユースであるがゆえにスピンオフしやすいのだが、軍事目的であったことを隠すためにことさらスピンオフを強調している側面もあるのではないだろうか。

GPSがその典型であろう。人工衛星を数十個(現在は三一個)打ち上げて電波を地上に向けて発信させ、その電波を受信してクルマや船舶の位置を特定する。民間企業の方が先にこの方式を考えたというが、何しろ数十機の人工衛星を打ち上げねばならず、とても手が出せなかったのだろう。これに対し、軍ではスパイ衛星や爆撃機の位置を確認し、砂漠における部隊の位置を知り、潜水艦が浮上したときの位置を認識するというように、実に多様な使い道があることから、費用を厭わずに実行したのである。ＤＡＲＰＡが発案したことになっているが、民間のアイデアを軍が採用して実現させ、民間がカーナビとしてお余りを利用することになった技術といえる。

インターネットもコンピューターも、元を辿れば軍に行き着く。いずれも、戦争とは関係なく必要性や要求（「こういうものがあればいいな」）があり、国家が軍事目的のために初期投資をして研究開発を行なったものである。しかし、本来ならば軍事目的とは無関係に開発が進められてしかるべきものであった。しかし、軍事上の必要性を前面に出さないと予算がつかないので、やむをえずそうしてきたにすぎない。いかにも軍事研究で技術は発展するように見えるが、実は軍事上の理由は予算獲得の口実で、やはり必要性が技術の発展を駆動しているというべきだろう。

以上のように考えると、軍事研究が必ずしも技術の発展を促すわけではないことは明らかである。結局のところ、軍が潤沢に持つ金が問題なのである。科学者は軍事研究が技術を発展させる原動力になると口ではいうが、それは日常的に研究費が不足しているときに、軍から資金が出て助かるといっているにすぎない。

できるなら、軍との関係は可能な限り持ちたくないと考える研究者の方が圧倒的に多い。本当の必要性は何か、誰にとっての必要性か、を心の中では知悉しているためだ。だから、軍からの資金を得て、それが研究に役立っても、空しさを感じるのではないだろうか。自由にゆったりと研究を行なうのとは違って、軍事研究ではないと言い訳をしつつ、軍事に協力しなければならないという圧力を感じての研究であるからだ。

おわりに——「人格なき科学」に陥らないために

冷戦が終了し、市場原理に基づく新自由主義経済が世界中を覆うようになった一九九〇年頃を境にして、日本でも経済のグローバル化が強く喧伝され始めた。そしてグローバル化に対応するために、政治や軍事力も含めて国を挙げて動員することが当然とされるようになった。科学も例外ではなく、大学や研究機関に商業主義の論理が貫徹するようになり、「役に立つ科学」が強く求められ、必然的に技術と密着した科学へと傾斜してきた。これは世界的な現象で、産業の育成や発達を促す科学技術が求められているのが現状だろう。商業主義の論理が行き渡りつつある大学や研究機関では、研究者も何らかのイノベーションをしなければならないという強迫感を持つようになっている。研究者の間でも、自分の成果が「役に立つ」ことを強調する習性がどんどん強まっているのだ。

「センター・オブ・イノベーション」

なかでも日本は、科学技術立国の旗を掲げながらその実力の衰えが目立ち、先進技術開発においてもＢＲＩＣｓ諸国や韓国・台湾などに先を越されつつある。落ち込んだ産業力を強化するため、第2章で述べたように科学技術基本計画において重点分野を指定する政策が打ち出されてきた。しかし、その政策は極めて近視眼的であり、既存の分野の趨勢をなんとか維持するためのものでしかなかったのは明らかだろう。最近の計画では、「分野別の重点化から課題達成型の重点化へ」と称して、個々の産業分野の強化ではなく横につなぐことに重点を置き、イノベーションと一体化した展開を目指すよう方針転換を図っている。姑息にも総合科学技術会議の呼称にイノベーションを加え、大学にも「センター・オブ・イノベーション」を設立するよう促している。はたしていかなることになるのであろうか。

金を投じたからといって、イノベーションは一朝一夕に実現するものではない。そこで何らかの種が欲しいというわけで、軍事化を目指す政治路線と歩調を合わせて「安全保障」に目が付けられることになった。つまり、軍事関連の技術開発に力を入れ、それによって生み出される製品（つまり軍需品）の輸出をテコにイノベーションを図ろうという考えである。「安全保障」（あるいは「安全・安心のため」）とあれば、堂々と国費を投じることができるし、軍需品を輸出すれば国家財政も助かるという口実が使える。軍需品を輸出すると「死の商人」と言われるかもしれないが、どこの国でもやっていることで国際常識のようなものだ、というわけである。とりあえずの作戦は、ODA(開発途上国援助)を武器(や原発)の輸出機会として利用するという、国家が前面に立った「武器輸出外交」だろう。

軍学共同への傾斜

軍学共同に関しては、「学」セクターでも以下のような議論が多く出されるようになった。これまでの日本では軍学共同は組織的に進められてこなかったのだが、どこの国でも行なっていることであり、むしろ日本の方が国際基準から外れているのだ。大学や研究機関には研究費を喉から手が出るほど渇望している研究者が多くいるし、軍からの金であろうと科学が進歩するといえば飛びついてくる。「産学共同」が一回りした今、次のターゲットは「軍学共同」だ。研究者の能力を軍事研究のために使わない手はない。「自衛のため」とか「明白な軍事研究ではない」とか言い訳をすれば、後ろめたい思いをする必要がない、と……。

一方、産業界が、軍学共同にもっと積極的であっても不思議はない。製品開発の初期には莫大な投資が必要だが、それは当面は軍学共同に便乗して国家予算に寄生すればよい。やがて軍産学共同体へと成長していくだろう。「産官学」連携で成功したのだから、次は「軍産学官」連携だ。文科省は、大学に軍からの資金が流入することで渋い顔をするだろうが、程度の問題である。軍からの資金といっても何千億というわけではなく、一兆円程度の国立大学経費に比べればそうたいしたことはないからだ。

以上は私の想像だが、第五期科学技術基本計画に「国家安全保障上の諸課題への対応」という項目が書き入れられたように、国全体として安全保障に名を借りた軍事優先の方向に走り出しているのは確実だろう。これが日本の科学技術の要となり、そのために科学者・技術者を総動員する体制が今後敷かれていくのではないだろうか。産学共同で商業主義に、そして軍学共同で軍事化路線に占領され、「人格なき科学」に陥っていくのではないかと強く危惧している。

軍事化を受け入れる論理

このような日本の現在の状況は、一気に軍国主義化していったナチス・ドイツ時代と二重写しに見える。

ナチスが政権を取って次々と悪法を成立させていったとき、国民の多くは拍手して歓迎した。ワイマール時代の経済的困窮と、先が見えない国家の混迷に失望した人々が、国を先導する強い指導力を求めたのだ。多くの人々が、どのような政策が、どのような方法で採用されていったのかを、批判的に厳しく吟味することを怠ったのは確かだろう。形式的に国会の多数を握ったナチスの政治に「悪法も法である」として無条件に従い、結局ヒットラーの横暴に追随していったからだ。多くの人々が熱狂的にヒットラーの政治を支持し歓迎して積極的に加担したのは事実なのである。

その中で、科学者も同じ行動をとってきた。彼らの心中では「自分たちは非政治的に振る舞っている」という論理が支配していた。自分たちは科学の発展のために軍事研究や軍事技術の開発を行なっているのであって、ナチスのためではないというものだ。ナチスと手を組むことになったのは、ナチスが科学予算を増やしたためであり、自分たちは科学の進歩のためにそれを使うのだから問題はない、と考えたのである。戦時中の日本と同様、ドイツでも研究者は軍事研究の名目で予算を多く獲得したが、戦争とは関係がない基礎研究のために使った人間も多かったようである。そのことを自分は軍部を支持していないことを示す消極的な証としたのである。

日本がもしアメリカに同調して軍事力を全面的に展開するような国家となったら、日本の科学者の間にも、ナチス・ドイツ時代と共通する心情がいっそう広がるのではないだろうか。

「悪法も法である」という形式論理と、「科学の発展のため」というすり替え論理を使って。

前者の形式論理は、第1章で紹介したプランクが典型であったように、悪法であっても形式が整っていれば従わなければならないとする考えである。しかし、法で決めたことであっても正義に適わなければ、別の考え方を対置する必要があるだろう。多数決で形さえ整えばどんどん進める、というやり方に対抗する論理を、私たちは再検討しなければならないのではないか。法や憲法の建前をきちんと吟味し、法治主義の可能性と限界を常に考えて行動するという意味である。

後者のすり替え論理は、常に科学者が陥りやすい科学至上主義の心情である。科学の研究しか目に入らない、それを応用した後の結果については一切考えない、という傾向はいつの時代にも存在する。自分が優秀であると考える研究者ほど、そのように考える傾向がある。科学の発展のためと信じたら、それ一筋になってしまい、自分のやっていることが客観視できなくなってしまうのだ。

その結果として、ユダヤ人差別を合法化する人種論、犯罪者や精神障碍者を排除する優生学、人体実験を合法化する医学など、間違った科学が問題にされないまま推進された。V2ロケット開発のために、労働者に対し過酷労働を強い、多くの犠牲者を出すことを躊躇せず実験を強行したりもしたのであった。

科学者は、このような安易な「論理」に溺れてしまわないようにしなければならない。商業主義に蝕まれている状況に目を開き、人間の心を回復させ、誰のための、何のための科学であり技術なのか、という原点に常に立ち戻ることである。自分の研究と社会との関係を具体的に想像し、自分の研究によって誰が直接の利益を得るのか、被害を受けるとすれば誰か、自分の研究は何の役立ったのか、もし最初に考えたようにうまく機能しなかったのならなぜか、どこに問題があったのか、などの結果まで考えなければならない。こういった目で自らの研究を吟味して人々に伝えることこそが、科学者に課せられた社会的責任ではないだろうか。

科学による破滅を避けるために

現代のような過剰なまでに科学に依存する文明においては、科学の使い方を少しでも間違えれば、人類の破滅とまではいわずとも、悪影響が大きく広がる。害が子孫にまで及んだり、取り返しがつかない変化をもたらしたりする可能性が高い。たとえば、核兵器の過大な蓄積や原発への過剰な依存がそうであるし、今後は遺伝子診断による人間の「改良」やiPS細胞によるクローン人間の「作製」がそうなる可能性がある。

したがって科学者には、古典的な個人のモラルには閉じない、新しい倫理規範が必要なのではないだろうか。個々の科学者が関わるのは、大きなプロジェクトのごく小さな部分にすぎないのだが、それが積み重なって世界を揺るがしかねない事態を招いてしまうのだ。だから自分がどのような過程に関与し、それが最終的にどのような結果をもたらし、またどのような意味を持つかを、想像力を持って直視することが、科学者に求められる倫理の根底を成すのではないかと思っている。

右に挙げた諸問題は、科学が密接にからんでいるが、かといって科学のみの議論では解決できない（あるいは解決すべきではない）課題である。地球環境、巨大事故、生命系といった、現代の科学では明確な答えが得られない（複雑系と呼ばれるような）対象についての問題では、一〇〇パーセント確かな解はわからない。それらの系に必然的に伴う不確実性についての責任を、どのように分担するかが決定的になる。

科学によって悲劇や絶滅を避ける処方箋は書けるかもしれない。が、それをいかに実行するかは科学で決定できないのだ。たとえば、コストばかりを担わされる少数の人間とベネフィットばかりを得る多数の人間が分離していた場合、単純な多数決の手続きで決定してよいのかどうかについて疑問が生じている。ましてやベネフィットが短期的で、コストが長期にわたるものである場合、単純なコスト・ベネフィット論は通用しないはずである。

これら、いわゆるトランスサイエンス問題については、科学・技術のみならず哲学や思想や心理学など幅広い分野との交流と討論が必要である。そこに「持続可能性」や「予防原則」に類するような新しい価値を打ち出すことが必要になるだろう。「軍事力を背景にした安全保障」という概念は、力の論理を前提にした旧い国家観から生まれてきたものであり、私たちはまだ過去の戦争を乗り越えていないということになる。科学がそのような過去のしがらみを持ったまま、同じように軍に寄食し続けようという状態は、決して健全ではない。そのような状態が極まれば、科学は本当に市民から見捨てられるかもしれないと思う。

社会に責任を持つ科学者

原爆の開発という事態に衝撃を受けた朝永振一郎は、科学者は科学のことを考えるだけではいけない、科学の内実を市民に知らせ、市民が間違いのない選択をする手伝いをしなければならない、それが核時代の科学者の倫理であるとして、

科学者の任務は、法則の発見で終るものでなく、それの善悪両面の影響の評価と、その結

論を人々に知らせ、それをどう使うかの決定を行なうとき、判断の誤りをなからしめると
ころまで及ばねばならぬことになる。

と書いている(「平和時代を創造するために」)。科学者も結果責任を問われると覚悟して、科学の知見が人間世界でどのように使われるかまで心を配らなければならず、それを市民に伝える義務があると説いているのである。

また加藤周一は、軍産学協同への批判として、「自分の知識とか頭脳を権力を強化するために使うというのは、人民に対する一種の裏切り」と述べている(『教養の再生のために』)。知識人はいかなる権力に対しても、権力の強化のためではなく、税金を払う人民のために権力を批判する立場にならなければならないはずである。ところが現実には、日本を含む高度資本主義社会が孕んでいる軍産学の融合関係に便乗して、科学者が権力の強化に加担している。加藤はこのことを鋭く批判しているのである。

また、彼は「戦争を批判するのに役立たない教養であったら、それは紙くずと同じではないのか」とも言っている。戦争こそ人間を破壊する最大の元凶であり、いかに言い訳しようと戦争を許容する教養はありえない。軍学共同を通じて戦争に協力する科学者は、真の教養を学ん

でないことを意味する。

最後に、ガンジーが残した、

人格なき学問、人間性が欠けた学術にどんな意味があろうか

という言葉を記しておこう。常に肝に銘じておきたい言葉である。

参考文献

第1章

『戦争と科学者――世界史を変えた25人の発明と生涯』T・J・クローウェル著、藤原多伽夫訳、原書房（二〇一二）
『戦争の科学――古代投石器からハイテク・軍事革命にいたる兵器と戦争の歴史』E・ヴォルクマン著、茂木健訳、神浦元彰監修、主婦の友社（二〇〇三）
『戦争の物理学――弓矢から水爆まで兵器はいかに生みだされたか』B・パーカー著、藤原多伽夫訳、白揚社（二〇一六）
『原子・原子核・原子力』山本義隆著、岩波書店（二〇一五）
『寺田寅彦全集』第六巻「戦争と気象学」、第九巻「ローマ字の巻」、岩波書店（一九九七）
『日本の物理学者』辻哲夫編著、東海大学出版会（一九九五）
『科学の社会史 （上）戦争と科学』廣重徹著、岩波現代文庫（二〇〇二）
『中谷宇吉郎』第三章、杉山滋郎著、ミネルヴァ書房（二〇一五）
『ヒトラーの科学者たち』J・コーンウェル著、松宮克昌訳、作品社（二〇一五）
The JASONS: The Secret History of Science's Postwar Elite, A. Finkbeiner, Viking, 2006

Serving the Reich: The Struggle for the Soul of Physics under Hitler, P. Ball, Vintage, 2014

第2章

『科学者と社会　論集2』坂田昌一著、岩波書店（一九七二）

『日本物理学会誌』第五〇巻（一九九五年）九号、六九六ページ、七六五ページ

第4章

『ロバート・オッペンハイマー――愚者としての科学者』藤永茂著、朝日新聞社（一九九六）

『ぼくらの哀しき超兵器』植木不等式著、岩波書店（二〇一五）

おわりに

『朝永振一郎著作集　第五巻　科学者の社会的責任』みすず書房（二〇〇一）

『教養の再生のために――危機の時代の想像力』加藤周一、ノーマ・フィールド、徐京植著、影書房（二〇〇五）

あとがき

本書は、いま日本において急進展しつつある軍（防衛省・自衛隊）と学（大学・研究機関）との間の共同研究（＝軍学共同）の実態を描き、今後予想される展開に対して警告を発するために書いたものである。軍学共同と表現すれば、あたかも軍と学が対等な関係のように見えるが、現実に進行しているのは大学等学術機関にある研究者が、軍から支給される研究費欲しさのため軍事研究に手を染めていこうとするものであり、結局のところ学が軍に従属し戦争のための研究に堕していくことは明らかである。それは当然のことで、軍とは自衛であろうとなかろうと戦争することを前提として作られた組織であり、軍が予算を措置するという研究は戦争を有利にするための軍事開発なのだから、軍学共同によって得られた知識は軍が占有するのが当たり前で、学はそれを黙って提供するに過ぎない存在となるのは自明のことなのだ。

私は、軍学共同に携わろうとする研究者のほとんどは、できることなら軍からの資金ではなく文科省等の学術機関からの予算で、軍のためではなく人々の幸福のための研究、そして研究の進め方も発表も自由に行なえる研究を望んでいると信じている。軍の援助による研究は、募集では「成果の公開は原則自由」と謳ってはいても、いつなんどき秘密研究と指定され、自由な発表を差し止められるかわからない。研究者の生き甲斐や楽しみは、自らの研究が学会や研究会や雑誌に論文として自由に発表でき、幅広く討論できるところにある。秘密研究となって自由な発表が禁止されてしまうと、研究者の人生は何とつまらないものになってしまうことだろう。そのことはわかっていながら、あえて軍から研究資金を得たいと思う研究者は、研究費が十分得られず、そのまま手を拱いていれば研究が続行できなくなってしまう状況に追い込まれているためであると考えられる。事実、本書にも書いているように、科学技術基本計画に掲げられた「選択と集中」を推し進めた科学技術政策や文科省の大学への交付金の削減政策は、多くの研究者を貧困状態に追いやり、軍事研究に手を出さざるを得なくさせている。私はこれを「研究者版経済的徴兵制」と呼んでいるのだが、国策としての軍学共同の促進という側面は否定できないのだ。

もっとも、経済的な理由を表立っては言いたくない研究者は、軍事研究へ踏み込んでいくための言い訳、言い逃れ、口実、弁解、居直り、強弁、屁理屈と、いかようにも言い得る理由なるものを持ち出して自分の行動を正当化しようとする。その最たるものが「デュアルユース」であろうか。「いかなる科学・技術の成果も平和目的(民生利用)のためにも戦争目的(軍事利用)のためにも両義的(デュアル)に使われ、研究段階においてはその区別はつかない。従って、軍事に適用できるからといって基礎研究段階で禁止することはできない。できた段階で利用法を考えるのは軍であり、自分には関係しない。また将来、民生利用されて人々の役に立つかもしれないのだから、開発そのものは止めるべきではない」というものである。確かに基礎技術段階では区別はつかないが、最初から軍事利用を謳った研究は拒否すべきだろうし、研究者は自分が作ったものがどう使われるかについての責任まで考えるべきだろう。要するに、学術機関からの資金による自由な研究なら民生利用であり、軍からの資金による研究は軍事利用なのである。研究資金の出所がデュアルであるだけなのだ。

他にも、「軍事研究は科学・技術を発展させる」とか軍事開発で発明された民生品に多くの便利で生活に役立っているものがあり、「軍事は発明の母である」と言われるのだが、それは結局のところ軍事開発なら予算が潤沢に使えることに帰する。軍事研究が科学・技術を発達させ発明を引き起こすのではなく、莫大に使える軍事予算のおかげなのである。それと同じ予算を民生のための自由な研究にかければ、同じあるいはそれ以上の成果を生むだろう。「防衛のための軍事研究は許される」という意見も割合多いのだが、防衛は攻撃とセットであることを忘れている。防衛力の強化は攻撃力の強化につながり、それは際限もなく繰り返され、そのような軍拡はどんどんエスカレートするのが軍事開発なのである。

以上のような理由づけをして軍事研究に加担していく研究者に決定的に欠けているのは、自分たちの行動が何をもたらすのかについての想像力と研究者としての責任意識であろう。学問が軍事に隷属していくから学問の自由が侵され、軍事研究は必然的に秘密の衣をまとうから大学の自治に対する脅威となる。軍事開発に関係する研究者は秘密漏洩罪の危険性に曝されるから、研究現場が萎縮することも確実である。人々の幸福のためではなく軍のための研究に勤しむ研究者は健全な科学というバックボーンを失い、精神的に堕落して学生に対する教育的悪影響も大きい。軍事研究を当然と考える次世代の研究者を作りだすことになるからだ。そして、これらのことが市民の目に露わになったとき、果たして市民の科学・技術への信頼を繋ぎ止められるであろうか。戦争に加担する教員がいる大学に我が子を預けたいと思う親がいるだろうか。これらの起こり得る状況を具体的に想像し、そうならないために自分がすべきこととすべきでないことを考え実践する、それが責任ある研究者ではないだろうか。

本書で、まず最初に科学者の戦争への協力の歴史やナチス・ドイツ時代の科学者の行動を通じて述べたかったのは、科学研究者はいったん戦争に関与すれば有力な「戦力」となるという事実であり、そのことを強く意識して自らの倫理責任を考えねばならないということである。日本は、第二次世界大戦に負けるまで富国強兵政策や戦争への科学動員によって、世界の平和と人々の幸福に寄与する科学研究という原点を忘れて国家や軍隊に奉仕してきた。そのことを反省して学術界は「戦争のための研究には絶対に従事しない」という誓いを立ててきたのだが、それが現在の軍事化路線で反故にされようとしている。実際に現在の日本で行なわれている軍学共同進展の実態をしっかり見つめ、再び戦前の轍を踏まないために私たちはどう考えるべきかについても書き込むことにした。

防衛省は、私たち批判勢力の言動にも注意を払っているようで、軍学共同の最大の焦点である「安全保障技術研究推進制度」の公募要領の書きぶりを二〇一五年度版から二〇一六年度版へとかなり変えている。私たちが批判した事柄を考慮して、いかなる募集形態にすれば、研究者が容易に軍事研究を受け入れるか腐心したことが見えるのだ。その意味では、本書は軍学共同に関して現代進行形の事態を報告しているという要素もあり、今後何度も書き換えていく必要があると思っている。

本書をまとめるに当たって、企画当初から相談に乗り原稿整理まで行なっていただいた、岩波書店新書編集部の千葉克彦氏に感謝します。これが岩波新書の最後の編集となりましたね。またこれを引き継いで完成させてくださった編集長の永沼浩一氏にもお礼を申し上げたい。

二〇一六年五月

池内　了

年表　軍学共同に関わる動き

1950	日本学術会議第6回総会決議「戦争を目的とする科学の研究には絶対従わない決意の表明」
1950	東大評議会南原繁総長発言「軍事研究に従事しない，外国の軍隊の研究は行わない，軍の援助は受けない」
1955	原子力基本法において「自主・民主・公開」の原子力三原則の制定
1959	東大評議会茅誠司総長発言「軍事研究はもちろん，軍事研究として疑われる恐れのあるものも一切行わないことは，自主的に，かつ良識のもとに一貫して堅持する」
1966	日本物理学会半導体国際会議において米軍からの資金提供を受けたことが問題に
1967	日本物理学会臨時総会(決議3)「日本物理学会は今後内外を問わず，一切の軍隊からの援助その他の一切の協力関係を持たない」
1967	日本学術会議第49回総会声明「軍事目的のための科学研究を絶対に行なわない」
1967	東大評議会大河内一男総長発言「軍事研究は一切これを行なわない方針であるのみならず，外国をも含めて軍関係者から研究援助を受けないことは本学の一貫した方針である」
1969	東大大学当局(総長代行加藤一郎)と東大職員組合との確認書「大学当局は「軍事研究を行わない，また軍からの研究援助は受けない。」という東京大学における慣行を堅持し，基本的姿勢として軍との協力関係を持たないことを確認する」
1969	宇宙開発事業団の発足時に，衆参両議院において「日本の宇宙開発は平和目的に限る」決議採択
1976	三木首相「武器輸出三原則」の確立 →1983　中曽根首相「武器輸出三原則でアメリカを例外とする」措置 →2014　安倍首相「防衛装備移転三原則」に変更

2003	情報収集衛星第1号機の打ち上げ(内閣府が運営，日本宇宙航空研究開発機構に委託)
2004	防衛省技術研究本部と大学・研究機関との「国内技術交流」の開始
2007	東工大「研究ポリシーペーパー」で「軍事・国防に関連した予算による基礎研究」の容認
2008	宇宙基本法の成立,「安全保障に資する」条項が入る
2012	日本宇宙航空研究開発機構法の「改正」，日本宇宙航空研究開発機構法における「平和条項」を抹消し，「安全保障に資する」ことが明記された →2014　防衛省を通じて日本宇宙航空研究開発機構が行なっているスペースデブリ監視情報を米軍に提供開始(SSA のため)
2012	原子力規制委員会法の制定において，原子力基本法から原子力三原則を抹消し,「安全保障に資する」の文言が追加された
2013	防衛省と日本宇宙航空研究開発機構や米国防総省とNASAが参加する第1回「宇宙に関する包括的日米対話」,「SSA，MDA，サイバー空間，の3分野の協力の強調」
2013	安倍内閣「2014年度防衛大綱」と「安全保障戦略」の閣議決定,「大学や研究機関との連携の充実により，防衛にも応用可能な民生技術(デュアルユース技術)の積極的な活用に努める」と明記
2014	防衛省軍学共同のための専門部署「技術管理班」の設置
2014	防衛省 C2 次期輸送機問題で東大に協力申し入れ．東大は拒否
2014	総合科学技術イノベーション会議が ImPACT(革新的研究開発推進プログラム)創設，募集要項に「DARPA を参考にする」と明記
2014	安倍内閣「集団的自衛権の行使」閣議決定
2014	文科省日本宇宙航空研究開発機構予算書に「赤外線センサの開発」掲出 4800 万円

	→2015　防衛省予算として，同課題に48億円計上(5カ年計画)
	→2015　防衛省予算書に「NICT(情報通信研究機構)との協力，サイバーセキュリティ対策」掲出
2014	防衛省「防衛生産・技術基盤戦略」の策定
2014	東大情報理工学系研究科のガイドラインの書き換え
	→2015　東大濱田純一総長が「広報」においてコメント発表
2015	新「宇宙基本計画」の決定，「準天頂衛星7機体制，情報収集衛星の充実，Cバンド衛星の強化」など
2015	防衛省競争的資金「安全保障技術研究推進制度」の創設(3億円)
2015	DARPA主催のロボットコンテストに日本から3チーム(東大，産総研，東大・阪大・神大・千葉工大の合同)参加
2015	米海軍技術本部(ONR)が資金援助(各チーム800万円)をしている米国際無人機協会主催の第1回「マリタイム・ロボットX・チャレンジ」に3大学(東大，東工大，阪大)が参加
2015	日米防衛協力のための指針(新ガイドライン)「安全保障及び防衛に関する知的協力の重要性を認識し，おのおのの研究・教育機関の意思疎通を強化する」を明記
2015	防衛省が防衛装備品の研究・開発・取得・運用・整備などのため技術研究本部も含め防衛装備庁に格上げ
2016	第5期科学・技術基本計画に「国家安全保障上の諸課題への対応」明記
2016	宇宙基本計画工程表改訂，「情報収集衛星10機体制」を明記
2016	「安全保障技術研究推進制度」の2016年度の募集(予算6億円)

池内 了

1944年兵庫県生まれ
総合研究大学院大学名誉教授，名古屋大学名誉教授
専攻―宇宙論・銀河物理学，科学・技術・社会論
著書―『疑似科学入門』岩波新書，『科学の考え方・学び方』岩波ジュニア新書，『科学のこれまで，科学のこれから』岩波ブックレット，『大学と科学の岐路――大学の変容，原発事故，軍学共同をめぐって』リーダーズノート出版，『科学・技術と現代社会』みすず書房，『物理学者池内了×宗教学者島薗進 科学・技術の危機 再生のための対話』合同出版，ほか多数

科学者と戦争　岩波新書（新赤版）1611

2016年6月21日　第1刷発行

著 者　池《いけ》内《うち》 了《さとる》

発行者　岡本 厚

発行所　株式会社 岩波書店
〒101-8002 東京都千代田区一ツ橋2-5-5
案内 03-5210-4000　営業部 03-5210-4111
http://www.iwanami.co.jp/

新書編集部 03-5210-4054
http://www.iwanamishinsho.com/

印刷・三秀舎　カバー・半七印刷　製本・中永製本

ISBN 978-4-00-431611-4　Printed in Japan

岩波新書新赤版一〇〇〇点に際して

ひとつの時代が終わったと言われて久しい。だが、その先にいかなる時代を展望するのか、私たちはその輪郭すら描きえていない。二〇世紀から持ち越した課題の多くは、未だ解決の緒を見つけることのできないままであり、二一世紀が新たに招きよせた問題も少なくない。グローバル資本主義の浸透、憎悪の連鎖、暴力の応酬——世界は混沌として深い不安の只中にある。

現代社会においては変化が常態となり、速さと新しさに絶対的な価値が与えられた。消費社会の深化と情報技術の革命は、種々の境界を無くし、人々の生活やコミュニケーションの様式を根底から変容させてきた。ライフスタイルは多様化し、一面では個人の生き方をそれぞれが選びとる時代が始まっている。同時に、新たな格差が生まれ、様々な次元での亀裂や分断が深まっている。社会や歴史に対する意識が揺らぎ、普遍的な理念に対する根本的な懐疑や、現実を変えることへの無力感がひそかに根を張りつつある。そして生きることに誰もが困難を覚える時代が到来している。

しかし、日常生活のそれぞれの場で、自由と民主主義を獲得し実践することを通じて、私たち自身がそうした閉塞を乗り超え、希望の時代の幕開けを告げてゆくことは不可能ではあるまい。そのために、いま求められていること——それは、個と個の間で開かれた対話を積み重ねながら、人間らしく生きることの条件について一人ひとりが粘り強く思考することではないか。その営みの糧となるものが、教養に外ならないと私たちは考える。歴史とは何か、よく生きるとはいかなることか、世界そして人間はどこへ向かうべきなのか——こうした根源的な問いとの格闘が、文化と知の厚みを作り出し、個人と社会を支える基盤としての教養となった。まさにそのような教養への道案内こそ、岩波新書が創刊以来、追求してきたことである。

岩波新書は、日中戦争下の一九三八年一一月に赤版として創刊された。創刊の辞は、道義の精神に則らない日本の行動を憂慮し、批判的精神と良心的行動の欠如を戒めつつ、現代人の現代的教養を刊行の目的とする、と謳っている。以後、青版、黄版、新赤版と装いを改めながら、合計二五〇〇点余りを世に問うてきた。そして、いままた新赤版が一〇〇〇点を迎えたのを機に、人間の理性と良心への信頼を再確認し、それに裏打ちされた文化を培っていく決意を込めて、新しい装丁のもとに再出発したいと思う。一冊一冊から吹き出す新風が一人でも多くの読者の許に届くこと、そして希望ある時代への想像力を豊かにかき立てることを切に願う。

（二〇〇六年四月）

自然科学

人物で語る数学入門　高瀬正仁
高木貞治　近代日本数学の父　高瀬正仁
桜　勝木俊雄
エピジェネティクス　仲野　徹
算数的思考法　坪田耕三
地球外生命　われわれは孤独か　長沼　毅・井田　茂
科学者が人間であること　中村桂子
富士山　大自然への道案内　小山真人
近代発明家列伝　橋本毅彦
川と国土の危機　水害と社会　高橋　裕
適正技術と代替社会　田中　直
四季の地球科学　尾池和夫
地下水は語る　守田　優
キノコの教え　小川　眞
宇宙から学ぶ　ユニバソロジのすすめ　毛利　衛

宇宙からの贈りもの　毛利　衛
心と脳　安西祐一郎
職業としての科学　佐藤文隆
宇宙論への招待　佐藤文隆
津波災害　河田惠昭
太陽系大紀行　野本陽代
偶然とは何か　竹内　啓
ぶらりミクロ散歩　田中敬一
超ミクロ世界への挑戦　田中敬一
冬眠の謎を解く　近藤宣昭
人物で語る化学入門　竹内敬人
ダーウィンの思想　内井惣七
宇宙論入門　佐藤勝彦
タンパク質の一生　永田和宏
疑似科学入門　池内　了
ウナギ　地球環境を語る魚　井田徹治
数に強くなる　畑村洋太郎
人物で語る物理入門　上・下　米沢富美子

宇宙人としての生き方　松井孝典
私の脳科学講義　利根川進
木造建築を見直す　坂本　功
市民科学者として生きる　高木仁三郎
科学の目　科学のこころ　長谷川眞理子
地震予知を考える　茂木清夫
水族館のはなし　堀　由紀子
生命と地球の歴史　丸山茂徳・磯崎行雄
生命の起原と生化学　オパーリン　江上不二夫編
量子力学入門　並木美喜雄
科学論入門　佐々木力
相対性理論入門　内山龍雄
細胞から生命が見える　柳田充弘
ブナの森を楽しむ　西口親雄
摩擦の世界　角田和雄
からだの設計図　岡田節人
孤島の生物たち　小野幹雄
大地動乱の時代　石橋克彦
日本酒　秋山裕一

岩波新書/最新刊から

1601 **原発プロパガンダ** 本間龍著
巨大な電力マネーと日本独自の広告代理店システムが実現した「安全神話」「豊かな生活」の刷り込み。戦後日本広告史の暗黒面を暴く。

1602 **ブラックバイト** 学生が危ない 今野晴貴著
学生を食い潰す「ブラックバイト」が社会問題化している。その恐るべき実態とは。親・教職員に向けて具体的な対策も提示する。

1603 **丹下健三** 戦後日本の構想者 豊川斎赫著
時代の精神を独自の美へと昇華させる構想力。多くの逸材を輩出した丹下シューレの活動とともに、世界のTANGEの足跡をたどる。

1604 **風土記の世界** 三浦佑之著
風土記は古代を知る、何でもありの宝箱。ヤマトタケルを天皇として描く常陸国、独自の国意識の現れる出雲国など、謎と魅力に迫る。

1581 **室町幕府と地方の社会** シリーズ 日本中世史③ 榎原雅治著
足利尊氏はなぜ鎌倉幕府の打倒に動いたのか。その後の公武一体の政治や、村々の暮らしとは。応仁の乱へと至る室町時代の全体像。

1605 **新しい幸福論** 橘木俊詔著
深刻化する格差、続く低成長時代。税、社会保障などの問題点を指摘しつつ、経済学だけでなく、哲学、心理学などの視点からも提言。

1606 **憲法と政治** 青井未帆著
安保・外交政策の転換、「改憲機運」の高まりに抗し、憲法で政治を縛るために課題の原点から考えぬく。若手憲法学者による警世の書。

1607 **中国近代の思想文化史** 坂元ひろ子著
儒教世界と西洋知の接続に命運を懸けた激動期中国の知性の軌跡を、進化論や民族論、革命論争が花開いた貴重な資料群から読み解く。

(2016. 6)